亚洲开发银行贷款
西北三省区林业生态发展项目
评价研究报告

Assessment Study Report of ADB Loan Forestry and Ecological Restoration Project in Three Northwest Provinces

国家林业和草原局世界银行贷款项目管理中心 编

World Bank Loan Project Management Center of the National Forestry and Grassland Administration

中国林業出版社

·北 京·

图书在版编目（CIP）数据

亚洲开发银行贷款西北三省区林业生态发展项目评价研究报告 / 国家林业和草原局世界银行贷款项目管理中心编．-- 北京：中国林业出版社，2019.12

ISBN 978-7-5219-0469-7

Ⅰ．①亚… Ⅱ．①国… Ⅲ．①亚洲开发银行贷款－林业经济－经济发展－项目评价－研究报告－中国 Ⅳ．① F326.23

中国版本图书馆 CIP 数据核字（2020）第 011018 号

责任编辑 何 鹏

出版发行 中国林业出版社

（100009 北京西城区刘海胡同 7 号）

电　　话 010-83143543

印　　刷 三河市双升印务有限公司

版　　次 2020 年 8 月第 1 版

印　　次 2020 年 8 月第 1 次

开　　本 16

印　　张 14.25

字　　数 335 千字

定　　价 168.00 元

序

十八大以来，党中央、国务院高度重视林草事业。习近平总书记对生态文明建设和林草改革发展作出了一系列重要指示批示，形成了新时代生态文明建设思想。“绿水青山就是金山银山”“良好的生态环境是最公平的公共产品，是最普惠的民生福祉”“统筹山水林田湖草系统治理，实行最严格的生态环境保护制度，形成绿色发展方式和生活方式，坚定走生产发展、生活富裕、生态良好的文明发展道路”等生态文明思想为林草建设提供了根本遵循，指明了发展方向。

新时代我国经济社会进入高质量发展的新阶段，人民群众对优质生态产品的需求愈加迫切。加强生态环境治理保护，维护国家生态安全，全面建成小康社会，建设生态文明和美丽中国是新时代赋予林草建设的重大使命。利用国际金融组织贷款进行林草建设，是拓展林草国际项目合作，深化林草改革开放，推动全球生态治理的内在要求，也是调动和统筹国内外“两个市场、两种资源、两种规则”，推动林草现代化建设的必由之路。国际金融组织有知识经验和资金管理的优势，我国在组织动员和实施保障方面能力突出。双方开展林草项目合作，携手共同应对全球生态挑战，可以实现优势互补、互利共赢，为全球生态治理恢复和减贫发展事业积累有益经验，创新实践范例。林草国际金融组织贷款项目不仅是我国借鉴国际生态治理经验、展示我国林草改革开放成果的示范窗口，而且业已成为向国际社会贡献生态治理保护“中国方案”和“中国智慧”、推动包容性可持续发展的源头活水。

国家林草局致力于发展包括与亚洲开发银行在内的国际金融组织的项目合作。2011年实施的首个亚洲开发银行贷款“西北三省区林业生态发展项目”，牢固树立以项目区人民群众为中心的发展思想，坚持人民群众的主体地位，始终把最大限度实现林农群众的利益贯穿在项目设计和建设的全过程，紧密依靠林农群众，倾力造福林农群众，坚守住了项目为民、利民和富民的初心，担当起了“兴一方林草，富全域百姓”的使命。项目主动对接“西部大开发”“一带一路”“乡村振兴”等国家重大战略，夯实生态治理与保护这个事关区域经济社会发展的基础，按照“转方式、增资源、强产业、固根本”的思路，把调整土地利用方式和培育生态经济产业作为主要抓手，有力地推动了项目区资源生态环境的改善，创新走出了一条退化土地治理与生产方式转变并重、生态恢复保护与产业经营开发同步发展的路子，实现了生态受保护、生产得发展、生活有改善的目标。在治理生态环境的同时，通过更新林农思想观念、转变土地利用方式、提高生产生活技能，显著增强了林业职工和林农群众的自主发展能力，打造出“国有林场转型发展”“林产品电商销售”等一批精品品牌，为“绿水青山就是金山银山”思想提供了鲜活的实践注脚。由于成效突出，2015 年 12 月，亚洲开发银行向“西北三省区林业生态发展项目”颁发了最佳表现奖。这体现了亚洲开发银行对项目成效的高度认可，也为此后双方的项目合作奠定了良好开局。

“潮平两岸阔，风正一帆悬”。新时代我国生态治理事业蓬勃发展，林草国际贷款项目面临难得的发展机遇。作为一名研究林学和生态治理的学者，我对亚行贷款“西北三省区林业生态发展项目”表示热情的支持，对项目的顺利运行和良好效益表示由衷的赞赏。有理由相信，以亚行贷款“西北三省区林业生态发展项目”竣工评价为新的起点，国家林草局与国际金融组织的项目合作必将迎来新的发展阶段。一个林草丰美、生态良好的美丽中国必将为促进国际生态治理体系和治理能力、推动人类发展进步事业做出新的更大贡献。

中国工程院　院士　沈国舫

2020 年 7 月

FOREWORD

Following the 18th National Congress of the CPC Central Committee,the State Council has attached great priority to role of the forestry and grassland. General Secretary Xi Jinping made a series of important comments and written instructions on the construction of ecological civilization and the reform and development of forestry and grassland sector forming the thoughts of ecological civilization construction in new era. "Lucid waters and lush mountains are invaluable assets", "sound ecological condition is the most equitable public product and the most inclusive livelihood and well-being", "coordinate the manipulation of mountains, rivers, forests, croplands, lakes and grasses and adopt the most stringent environmental protection regulations to foster green development mode and lifestyle by sticking to the civilized development pathway characterized by production growth, better-off life and improved ecological condition" as well as other ecological civilization thoughts have provided fundamental guide for forest and grassl and sectoral construction.

With Chinese socioeconomic development entering a new stage of high quality development, the people's demand for higher standard ecological products has become pressing. Strengthening ecological and environmental protection governance to maintain ecological security for constructing all-round well-off society and environmentally civilized beautiful China has therefore become the prime task of the forestry and grassland sector. The utilization of loans from international financial organizations for forestry and grassland construction has been the indispensable requirement of China to expand the international cooperation and to deepen its reform and opening up of forestry and grassland to promote global ecological governance. It is also the only pathway to integrate domestic and foreign markets, resources and rules to speed up the modernization of forestry and grassland development.International financial organizations have the advantages of intelligence, experience and funds management while China has outstanding capabilities in human resources mobilization for project implementation.The cooperation of the two sides on forestry and grassland project to address global ecological challenges can give play to mutual advantages for win-win benefits while accumulating good practices for global ecological restoration and poverty reduction.The forestry and grassland international financial organization loan project is not only the demonstration plot for China to learn from and exchange with the international community but also the headwater site of China to offer international community "China solution" and "China wisdom" regarding ecological protection for inclusive sustainable development.

The National Forestry and Grassland Administration (NFGA) has consistently committed to developing project cooperation with international financial organizations including the Asian Development Bank.In 2011, NFGA launched its first Asian Development Bank loan project Forestry and Ecological Restoration Project in Three Northwestern Provinces. By firmly following the development ideology of centering on the people and by adhering to the local people's dominant role, the project has managed to maximize the interests of forest farmers in the project design and implementation. Throughout the project process, the management has relied mainly on the farmers as key beneficiaries by following the fundamental principle of "serving the people, benefiting the people and enriching the people"to actualize the project mission of "prospering the local forestry and grassland while bettering off the grassroots people of the whole region".In addition, the project has actively practiced the national strategies of Western Development, Belt and Road,Rural Revitalization etc.to consolidate the ecological foundation which is crucial to regional socioeconomic development. By adjusting land uses, adding resources, enhancing industries for long-term development, the project has effectively optimized local land use while developing green industries for improving forest resources and the ecological condition. With these innovative means adevelopment pathway was identified with equal emphasis on treating degraded land and transforming production mode for simultaneous development of ecological restoration and industrial cultivation to realize the goals of ecological protection, production growth and livelihood improvement. In course of the ecological restoration and by shifting traditional beliefs and updating production skills, the project has emphasized the independent development capabilities of forest farmers and workers and. Consequently, a number of exemplary practices such as "state owned forest farms forest management transformation""forest products e-commerce" have provided lively demonstrations for the ideology of "Lucid waters and lush mountains are invaluable assets" while offering lasting motivation to the local harmonious development between human and nature. Due to the outstanding outputs, the Asian Development Bank awarded the Best Performance Award to the project in December 2015 indicating both ADB's high recognition of the achievement of the project and immense potential of project cooperation in the future.

Poet Wang Wan of Tang Dynasty said, "The banks stretch wide at full tide, the sail hangs with ease in soft breeze". With the thriving of ecological construction in Chinain new era, the international loan financed forestry and grassland projects are having precious opportunities.As a scholar engaged in forestry and ecological governance, I would express my enthusiastic support for the ADB loan Forestry and Ecological Restoration Project in Three Northwestern Provinces. I appreciated sincerely the smooth operation and sound benefits of the project. I have confidence that with the completion assessment of the ADB financed project as a new starting point, the project cooperation between the NFGA and the international financial organizations will usher new stage of growth with which a naturally beautiful and ecologically viable China will make further and greater contribution in promoting the international ecological governance system and governance capability for human development progress.

Shen Guofang
Chinese Academy of Engineering
July 2020

前 言

2011 年，国家林业局（现为国家林业和草原局）实施了首个亚洲开发银行贷款项目——“西北三省区林业生态发展项目”。亚行贷款 1 亿美元，国内配套 5.16 亿元人民币，在陕西、甘肃、新疆三省（自治区）17 个地（州、市）的 53 个县（区）开展集中生态治理，营造经济林、生态林，恢复森林植被，转变土地利用方式，提高土地综合生产效率。在国家有关部门的悉心指导和大力支持下，经过项目区各级人民政府和林农群众的共同努力，项目完成了近 4.39 万公顷退化土地的集中治理，兴建果品冷藏库 4 座、森林旅游服务设施 2.4 万平方米。

项目建成投入使用后，改善了项目区生态环境，培育壮大了经济林果特色产业，提高了森林旅游服务接待能力，增加了当地人民群众的收入水平，为兴林富民、稳边固边、促进区域经济社会可持续发展发挥了重要作用。虽然项目过程历经曲折，充满艰辛，但各级项目管理部门迎难而上，勇挑重担，做了很多艰苦细致的工作，项目收获了预期成果，实现了预定目标，实施成效“令人满意”，成就来之不易。由于项目组织工作和实施成效比较突出，2015 年 12 月，亚洲开发银行向项目颁发了最佳表现奖，成为我国 23 个亚行在建农业自然资源类项目中荣获该奖项的两个项目之一，这是我国林草项目首次获得亚行项目管理最高成果奖。

2019 年是亚行贷款“西北三省区林业生态发展项目”竣工之年。为系统回顾项目建设情况，分析项目的成败得失，总结经验教训，国家林草局世界银行贷款项目管理中心（亚行贷款项目管理办公室）组织项目单位和中国林业科学研究院资源信息研究所有关专家，编制了《项目评价研究报告》。它全方位对项目建设全程进行了系统梳理，客观地反映了项目建设的基本面貌，如实记录了项目的建设情况、实际成果、成效经验和问题建议。本报告可以作为国际贷款项目专业人员的参考，对于林草行业从业人员了解我国与亚洲开发银行项目合作也大有裨益。在本书付梓之际，谨向给予林草国际贷款项目大力支持的国内外有关部门，向参与项目建设和管理的同志致以衷心感谢。由于报告编制时间较紧，基础工作量大，编制有一定难度，报告中错漏讹误之处，还请大家不吝批评指正。

编 者

2020 年 7 月

PREFACE

The National Forestry and Grassland Administration launched its first Asian Development Bank loan financed project Forestry and Ecological Restoration Project in Three Northwestern Provinces in 2011. With the finances of ADB loan 100 million US dollars and national counterpart fund 516 million RMB Yuan, the project has carried out centralized ecological improvement activities in 53 counties (districts) of 17 prefectural cities in Shaanxi, Gansu and Xinjiang by afforestation of economic tree crops and ecological forests to restore forest vegetation and transform land use for improved overall land productivity. With the studious guidance and vigorous support of relevant national departments and joint efforts of local governments and forest farmers of the project areas, the project has completed the centralized treatment of degraded land for nearly 43,900 hectares, the construction of 4 fruit cold storage warehouses, and forest tourism service facilities for 24,000 square meters.

The project following its entry into operational use has helped the project areas in improving the ecological condition, nurturing economic tree crop industry, raising the tourism service reception capacity, generating income to local people so playing important roles in bettering off the locality, stabilizing the border area and promoting socioeconomic sustainable development. Despite the twists and turns during project implementation, the project managers at all levels have managed with commitment and arduous efforts to achieve the designated targets with "Satisfactory" project performance assessment result. Thanks to the outstanding outputs and outcomes, the Asian Development Bank awarded the Best Performance Award to the project in December 2015. It has been one of the two projects that won the award among the 23 ADB agricultural natural resource projects in implementation in China. It is also the first award ever won by Chinese forestry and grassland projects financed by ADB.

2019 is project completion year for Forestry and Ecological Restoration in Three Northwest Provinces Project. In order to review the process of the project construction by analyzing the successes and failures of the project and summarizing the experience, the World Bank Loan Project Management Center (the ADB Project Management Office) of National Forestry and Grassland Administration has organized the project entities and experts of the Forest Resources Information Techniques of Chinese Academy of Forestry to compile the Project Assessment Study. The report conducts thorough review of the project construction with pragmatic information on the general condition, achievements, lessons, good practices, problems and recommendations so a useful reference of professionals and workers of international loan projects. It is also helpful for people engaged in forestry and grassland industry in understanding the cooperation between China and the Asian Development Bank. As the time of publishing, we would like to express gratitude to all domestic departments, foreign roles as well as field participants that have devoted consistent support to the project. Due to the tight schedule for the compilation, the huge field workload and difficulty of compilation, we are ready to accept and correct any potential errors of the report as found out by the readers.

Compliers
July 2020

项目摘要

项目名称：亚洲开发银行贷款西北三省区林业生态发展项目（贷款号：2744-PRC；GEF 赠款号：0250-PRC）

借款人：中华人民共和国财政部

执行机构：国家林业和草原局世界银行贷款项目管理中心（亚洲开发银行贷款项目管理办公室）

实施机构：陕西省林业局、甘肃省林业和草原局、新疆维吾尔自治区林业和草原局

总投资：12.34 亿元人民币，其中：亚洲开发银行贷款 1 亿美元（6.83 亿元人民币），全球环境基金赠款 510 万美元（0.35 亿元人民币），国内配套 5.16 亿元人民币。

贷款条件：①贷款期限为 25 年，其中包括 5 年的宽限期；②对贷款未使用部分，收取 0.15% 的承诺费；③对已提取部分但未偿还的贷款本金支付利息，利率为伦敦同业银行拆借利率（LIBOR）加 0.4% 的利差。

建设期：2011 年 9 月 29 日至 2019 年 9 月 30 日。

目标和任务：通过营造经济林、生态林和恢复森林植被，实行治理与保护、建设与管理并重，提高项目区农民收入和群众生活水平，协调发挥生态效益和社会经济效益，为实现经济社会可持续发展创造条件。具体任务是：新增经济林 38410.5 公顷，生态林 4744 公顷；建设 8 个果品储藏库和 1 个核桃加工厂；7 个国有林场的建设和碳汇项目机构能力建设；新建 1 个生态林业中心。

创新点：①本项目是由林草部门打捆实施的第一个亚洲开发银行贷款项目；②项目以“综合生态系统管理”理念为指导，在西部干旱、半干旱地区开展参与式林业生态扶贫开发活动；③项目开展的森林旅游康养和碳汇教育，提出的果树矮化密植栽培、农户小蚕共育、电子商务扶贫等经营技术模式，对于欠发达地区的林业项目发展具有借鉴意义。

主要成效：①项目在三个省（自治区）53 个县（市）累积创造了 99800 个就业岗位，112213 个农户因参加项目增加收入，项目发放给农民的劳务费占项目成本的 30% 以上，来自项目劳务、经济林产品、农林间作等收入，占典型调查户均年总收入的 5%～15%。②生态效益初现，截至 2019 年 6 月，项目共完成经济林营造 39114.84 公顷，占项目总计划的 101.83%；累计建设生态林 4800.16 公顷，占项目总计划的 101.2%，陕西、甘肃和新疆项目区的森林植被覆盖率分别提高 0.3%、0.49% 和 0.047%；项目区增加树种 31 个，生物多样性提高；建设期内项目植被新增碳汇量达 683074.5 吨。③项目开展大量磋商、宣传和培训活动，举办项目培训 775 期，参加人数 149236 人次，给偏远地区农民带来大量外界信息和实用生产技能，提高了农民的文化和技术素质，促进了当地群众意识和观念的现代化。④项目形成的新管理理念、方法，在国家和地方层面发挥积极作用，促进了公共职能转换和实施生态可持续发展的能力。

后续计划：①按照项目《造林质量调查评价报告》提出的分类施策原则，保持一类林，提升二类林，挽救转化三类林，落实防火、防病虫害和林分管护工作，提升林分质量和产出水平；②对建成的各类灌溉基础设施、森林公园旅游基础设施和购置的各类设备，在工程竣工验收、明确业主责任的基础上，监测项目运营管理和日常维护，确保发挥预期作用或效益；③通过项目收入、商业贷款、政府配套或补贴、自筹等，筹集后期管理需要的资金；④按照签订的协定和合同要求，通过各级财政部门和林草部门的统筹配合，确保按期足额还贷。

国家林业和草原局副局长刘东生考察亚行项目森林公园（陕西）

项目活动类型空间分布示意图（陕西）

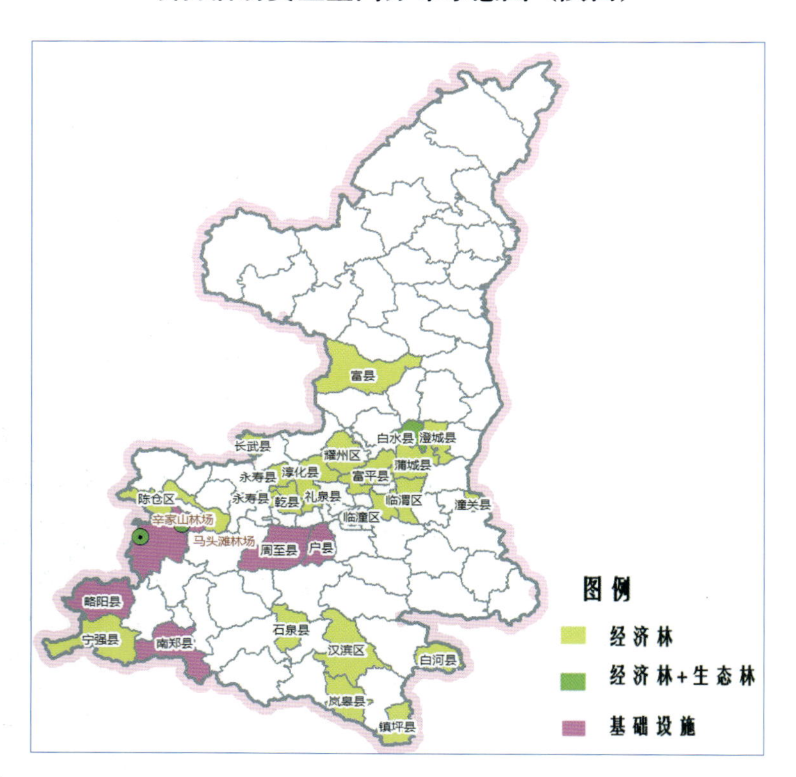

编　号	县（区、林场）	项目活动	编　号	县（区、林场）	项目活动
1	临潼区	1（591）	15	临渭区	1（591）
2	户　县	3	16	富平县	1（704）
3	周至县	3	17	澄城县	1（1073）
4	富　县	1（743）	18	蒲城县	1（590）
5	耀州区	1（591）	19	白水县	1（640），2（15）
6	陈仓区	1（624）	20	潼关县	1（590）
7	马头滩	3	21	宁强县	1（590）
8	辛家山	3	22	略阳县	3
9	长武县	1（664）	23	南郑县	3
10	淳化县	1（761）	24	汉滨区	1（566）
11	永寿县	1（591）	25	岚皋县	1（590）
12	乾　县	1（657）	26	石泉县	1（566）
13	礼泉县	1（698）	27	白河县	1（566）
14	三原县	1（591）	28	镇坪县	1（594）

注：项目活动中，1——经济林（公顷）；2——生态林（公顷）；3——基础设施（森林公园）。

项目活动类型空间分布示意图（甘肃）

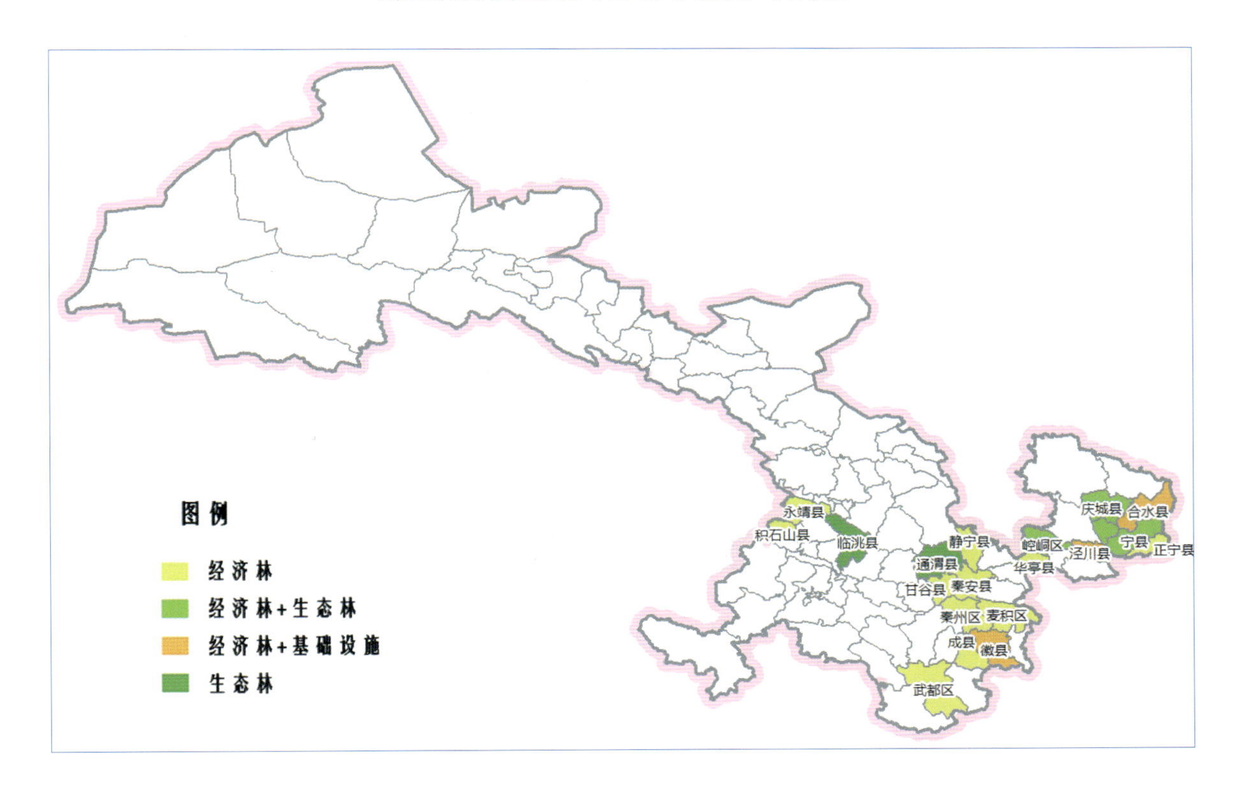

编　号	县（区）	项目活动	编　号	县（区）	项目活动
1	合水县	1（434.34），3（5000）	11	通渭县	2（1492）
2	宁　县	1（1089），2（75）	12	永靖县	1（1060）
3	西峰区	1（1187.5），2（80）	13	积石山县	1（1898）
4	正宁县	1（1165）	14	秦州区	1（1235）
5	庆城县	1（1095），2（60）	15	麦积区	1（1282）
6	崆峒区	1（955），2（480）	16	秦安县	1（1201）
7	泾川县	1（851.7），3（3000）	17	甘谷县	1（1257）
8	静宁县	1（1143.5）	18	武都区	1（1025）
9	华亭县	1（1018.5）	19	成　县	1（890）
10	临洮县	2（1492）	20	徽　县	1（810），3（250）

注：项目活动中，1——经济林（公顷）；2——生态林（公顷）；3——基础设施（果库容量：吨）。

项目活动类型空间分布示意图（新疆）

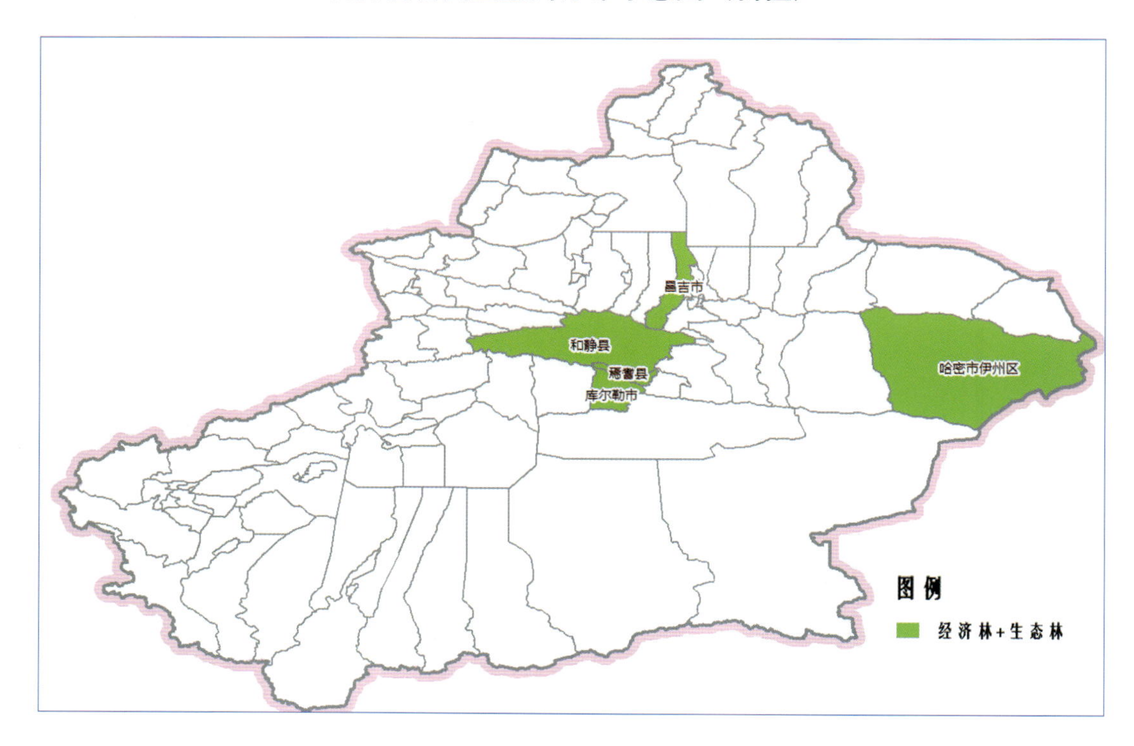

编　号	县（市、区）	项目活动	编　号	县（市、区）	项目活动
1	昌吉市	1（920） 2（319.1） 3（变电，道路，灌溉）	4	和静县	1（420） 2（40） 3（道路，围栏，机井）
2	哈密市	1（2676） 2（522.6） 3（输电，围栏，灌溉）	5	焉耆县	1（900） 2（100） 3（输电，引水渠，围栏）
3	库尔勒市	1(450) 2(113.3) 3（输电，机井）			

注：项目活动中，1——经济林（公顷）；2——生态林（公顷）；3——基础设施。

目 录

序 Foreword

前言 Preface

项目摘要

1. 项目概况 …… 2

1.1 项目背景 …… 2

1.2 项目准备 …… 2

1.3 目标和内容 …… 4

1.4 项目主体和布局 …… 5

1.5 项目竣工总结 …… 6

2. 项目的执行 …… 7

2.1 项目活动完成情况 …… 7

2.2 投资完成情况 …… 16

2.3 项目计划的调整 …… 18

2.4 调整后的执行结果 …… 18

3. 项目管理体系 …… 21

3.1 法律制度体系 …… 21

3.2 组织机构体系 …… 22

3.3 技术支撑体系 …… 23

3.4 保障政策体系 …… 25

3.5 监测评价体系 …… 27

4. 项目实施成效 …… 29

4.1 经济效益 …… 29

4.2 生态效益 …… 31

4.3 社会效益 …… 33

4.4 长期影响 …… 36

5. 与亚洲开发银行的合作 …… 37

5.1 适应性的管理方式 …… 37

5.2 严格的检查指导 …… 37

5.3 友好务实合作的精神 …… 39

6. 经验和教训 ······ 40

6.1 经　验 ······ 40

6.2 教　训 ······ 42

6.3 对未来项目的建议 ······ 42

7. 可复制的良好实践 ······ 43

7.1 综合生态系统管理 ······ 43

7.2 国有林场现代经营转型 ······ 44

7.3 矮化密植型苹果栽培 ······ 45

7.4 全项目管理机制 ······ 46

7.5 农户小蚕共育 ······ 47

7.6 电子商务让果农“触网”致富 ······ 48

8. 后续运营计划 ······ 50

8.1 林分管理 ······ 50

8.2 资产管理 ······ 51

8.3 资金筹措和还贷 ······ 51

8.4 管理机构责任 ······ 51

附件 1　项目设计与监测框架表 ······ 52

附件 2　协约条款履行情况表 ······ 55

附件 3　采购计划执行表 ······ 63

附件 4　造林质量调查评价报告 ······ 113

附件 5　投资和财务经济分析报告 ······ 119

附件 6　竣工绩效评价报告 ······ 132

Contents

Abbreviations and Acronyms **146**

Project Key Facts **147**

1 Project Overview **150**

1.1 Project Background 150

1.2 Project Preparation 150

1.3 Objectives and Activities 152

1.4 Project Roles and Layout 153

1.5 Project Completion Review 153

2 Implementation of the Project **155**

2.1 Completion of Project Activities 155

2.2 Completion of Investment 163

2.3 Adjustment of Project Plan 165

2.4 Implementation Results of Adjusted Project Plan 167

3 Project Management Systems **169**

3.1 Legal and Regulation System 169

3.2 Organizational System 170

3.3 Technical Support System 171

3.4 Safeguard Policy System 173

3.5 Monitoring and Evaluation System 176

4 Project Implementation Achievements **178**

4.1 Economic Benefits 178

4.2 Ecological Benefits 180

4.3 Social benefits 182

4.4 Long-term Impact 186

5 Cooperation with Asian Development Bank **187**

5.1 Adaptive Management 187

5.2 Strict Inspection Guidance 187

5.3 Friendly and Practical Cooperation 188

6 Experience and lessons learned ······ 190

6.1 Experience ······ 190

6.2 Lessons Learned ······ 193

6.3 Suggestions for Future Projects ······ 194

7 Replicable Good Practices from the Project ······ 195

7.1 Integrated Ecosystem Management ······ 195

7.2 State–owned Forest Farm Transformation to Modern Management ··· 196

7.3 Dwarfed Dense–planting Apple Cultivation ······ 198

7.4 Integral Project Management Mechanism ······ 199

7.5 Farmer Based Silkworm Co–breeding Technology ······ 200

7.6 E–commerce Makes Famer Better off in Cyber Connections ······ 201

8 Post–completion Operational Plan ······ 203

8.1 Stands Management ······ 203

8.2 Assets Management ······ 204

8.3 Financing and Repayment of Loans ······ 205

8.4 Project management responsibilities ······ 205

绿水青山就是
金山银山

1 项目概况

1.1 项目背景

陕西、甘肃、新疆属于中国贫困度较深的省份，本世纪初三个项目省份的贫困发生率约为16%，均远高于5.2%的全国平均水平。三省（自治区）贫困的主要导因是不持续、不合理的土地利用方式，导致土地退化和农村人口生产生活环境恶化。我国“十二五”规划纲要提出，加大生态保护和建设力度，从源头上扭转生态环境恶化趋势。随着“西部大开发”和“一带一路”建设的不断推进，中国政府解决西部农村贫困和环境问题，实现社会、资源、环境协调发展的努力，得到有关国际金融组织的支持。亚洲开发银行的《中华人民共和国国别合作伙伴战略(2008～2010)》提出，重点支持中国中西部增长缓慢、发展较为落后的地区，通过改善公共服务、公共基础设施，特别是提高资源效率和环境可持续性，增加农村地区的就业和收入。为改变陕西、甘肃、新疆三省（自治区）恶化的自然条件和农村发展的落后状况，中国政府决定使用亚洲开发银行贷款和全球环境基金赠款，在上述三省（自治区）实施“西北三省区林业生态发展项目”。

1.2 项目准备

2006年，国家林业局（现为“国家林业和草原局”）将本项目列为利用亚洲开发银行贷款和全球环境基金赠款“丝绸之路综合生态系统建设”备选项目，2007年，国务院批准的《利用亚洲开发银行贷款2007～2009年发展规划》中，将陕西、甘肃和新疆三省（自治区）上报的项目合并为“西北三省区林业生态发展项目”，由原国家林业局亚行办（世行中心）牵头组织实施。之后，根据中方与亚洲开发银行达成的安排，亚行选聘的国际咨询公司Landell Mills准备项目文件，国内程序和亚行要求的程序并行开展又互相衔接。2009年年底，陕西、甘肃和新疆相继完成国内审批程序，中国政府与亚洲开发银行开展了项目谈判并签订《贷款协定》和《赠款协定》，三省（自治区）与亚行签署了《项目协议》。亚行执行董事会对项目文件进行了审查，项目文件于2011年9月29日正式生效。2011年12月16日，项目启动会暨培训会在陕西省西安市召开。亚行贷款西北三省区林业生态发展项目历时5年艰辛准备后正式启动，进入实施阶段（表1）。

亚行评估组来华考察（新疆哈密）

国家林草局召开项目启动会（陕西西安）

表 1　项目准备进程

时　间	项目进展
2006 年 3 月	项目被列入国家林业局利用亚洲开发银行贷款和全球环境基金赠款“丝绸之路综合生态系统建设”备选项目
2007 年 3 月	项目被列入国家利用亚行贷款 2007 ～ 2009 年发展规划
2009 年 12 月	亚洲开发银行对项目进行预评估
2010 年 2 月	亚洲开发银行对项目进行评估
2010 年 9 月	国家林业局向国家发展改革委提交项目资金申请报告
2011 年 2 月	中国政府与亚洲开发银行进行项目贷款与赠款谈判
2010 年 1 月	亚洲开发银行执行董事会批准本项目
2011 年 6 月	中国政府授权代表白天与亚洲开发银行东亚局局长 Klaus Gerhaeusser 签订本项目的《贷款协定》《赠款协定》和《项目协议》
2011 年 9 月	签订的项目协定和协议正式生效，项目进入实施阶段

1.3 目标和内容

（1）项目的《贷款协定》规定了如下两个具体目标：

①营造生态林，恢复退化贫瘠土地，提高林地生产力；

②支持农户营造经济林，帮助国有林场和林业站发展生态林业并改进管理，帮助企业更新改造果品加工设备，提高农民获得可持续性收入的水平。

（2）《贷款协定》要求开展以下项目活动：

①经济林发展。在三个项目省份种植 3.84 万公顷经济林和兼用林，推进生态可持续的林地利用并使农户受益；为甘肃、新疆选定的企业提供设备设施。

②生态林发展。对陕西 7 个国有林场 12.6 万公顷生态林进行改造并开展生态培训活动；在陕西成立生态林业中心；在甘肃，更新造林约 3700 公顷；在新疆，利用固沙和再造林技术对 1065 公顷的退化土地实施生态恢复。

③项目管理支持。帮助实施机构提高管理能力，向实施机构和项目的子借款人提供项目管理、生态环境、社会发展、造林地规划和项目投资规划、安全保障、监测与评估以及周转金账户管理、项目实施和项目业绩管理方面的培训。同时，支持和帮助项目子借款人在遇到自然灾害时采取减缓风险措施。

④能力建设。通过向项目受益人提供技术咨询服务、参与研讨培训的机会，提高项目管理人员、技术人员、林农和种植大户执行项目的能力。

1.4 项目主体和布局

项目当地林业部门根据当地发展规划并考虑参与项目的积极性和建设条件，确定参加项目的主体和项目活动的布局。

(1)项目县和项目受益人的选择。根据项目建设目标、当地自然和社会经济条件、借贷人意愿等，确定参加项目县和项目实体。本项目共有53个县（市 、区）参加（不包括实施期内退出的陕西

项目区社评调查（新疆昌吉）

向少数民族农户散发项目宣传资料（甘肃）

省两个县），其中 28 个县（市 、区）是国家扶贫开发工作重点县。项目的直接受益人主要是个体农户或农户联合体、企业，其次是村集体和国有林场。截至 2019 年 6 月，三个项目省份共覆盖 112213 个直接受益农户。

(2)少数民族的参与。本项目的少数民族集中于甘肃省和新疆维吾尔自治区的少数民族聚集区，主要包括甘肃省积石山县的保安族、东乡族和撒拉族，新疆的维吾尔族、回族、哈萨克族和蒙古族。项目准备期间特别制订了新疆子项目《少数民族发展计划》。

（3）按照与亚洲开发银行达成的项目准备方案，项目采取社区参与式规划方法。项目管理人员、专家向当地村社区、企业、林场宣传项目的宗旨、目标，由项目实施主体自主提出造林方案。通过召开村民小组会议征求意见，依靠农户、企业和林草部门共同对造林地和树种、受益对象、项目管理和还贷责任进行决策。项目制订了直接受益人磋商参与、公开信息和宣传的机制和办法。

1.5 项目竣工总结

“西北三省区林业生态发展项目”是我国林草部门的第一个亚行贷款打捆项目。项目在组织管理、社会参与、环境管理、企业发展、森林公园建设等方面的成效显著且富有特色。按照亚行和中国政府的有关要求，从 2018 年下半年到 2019 年，在三个项目省（自治区）和相关专家的充分参与下，对项目的实施过程和成功经验进行回顾总结，对于服务未来亚行贷款林草项目，在国内推广应用项目良好实践经验具有积极作用。

2 项目的执行

项目实施期（2011 ～ 2019 年），在国家发改委、财政部和亚洲开发银行的支持下，在国家林业和草原局亚洲开发银行贷款项目管理办公室（中央项目办）和陕西、甘肃、新疆三省（自治区）项目管理机构艰苦不懈的努力下，项目《贷款协定》《赠款协定》《评估报告》以及各级转贷协议和项目的管理办法、技术规程得到认真严格地贯彻执行，达到了预期目标。

2.1 项目活动完成情况

2.1.1 经济林营造

截至 2019 年 6 月，三省（自治区）共使用 12 个树种建设经济林 39114.84 公顷，占项目评估计划目标的 101.83%（表 2）。

表 2　项目经济林种植完成情况

序号	树种	评估计划（公顷）	年度完成造林面积（公顷）						累积完成（公顷）	完成率（%）
			2011 年	2012 年	2013 年	2014 年	2015 年	2016 年		
1	核桃	11507.5	3298.18	5168.69	5503.78	1997.17	703.38		16671.2	144.87
2	花椒	4625	198.8	189.4	94.45			107.85	590.5	12.77
3	苹果	12564	815.06	6198.23	5307.05	305.39	643.8	998.11	14267.64	113.56
4	樱桃	180		88.34	65.03		26.63		180	100.00
5	柿子	1224		95.4					95.4	7.79
6	茶叶	487		190.4		241		230	661.4	135.81
7	桑树	1698	226.02	226.67	113.31				566	33.33
8	杏	280		70					70	25.00
9	葡萄（酿）	1810		819		619.2	279.5		1717.7	94.90
10	银杏	810		400	410				810	100.00
11	红枣	3195	1000	1665		498	292		3455	108.14
12	其他	30					30		30	100.00
合计		38410.5	5538.06	15111.13	11493.6	3660.76	1975.31	1335.96	39114.84	101.83

注：“2011 年”包括项目的追溯报账数；“其他”为兼用林。

各年度造林检查验收报告和竣工前开展的项目林分质量普查显示，营造经济林的苗木使用、面积核实率、造林成活率和保存率、生长结实指标均达到了项目规定的要求。项目竣工时，一类林、二类林的比例占总造林面积的 89.76%，林分整体质量良好。详见附件 4《项目造林质量调查评价报告》。

经济林造林前整地施底肥（甘肃徽县）

项目 2 年生苹果幼林（甘肃甘谷）

2.1.2 生态林营造

截至 2019 年 6 月，三省（自治区）共使用 19 个树种建设生态林 4800.16 公顷，占项目评估面积的 101.2%（表 3）。

表 3 项目生态林营造完成情况

序号	树种	评估面积（公顷）	年度完成造林面积（公顷）						合计（公顷）	完成率（%）
			2011 年	2012 年	2013 年	2014 年	2015 年	2016 年		
1	文冠果	2984		272.37	463.47	326.13	430.03		1492	50
2	云杉 + 刺槐	–		304.39		1187.6			1492	新增树种
3	刺　槐	–		231.9	150				381.9	新增树种
4	油松 + 沙棘	695		223.1	60				283.1	41
5	油松 + 刺槐	–		30					30	新增树种
6	胡　杨	139		2.7		240.4	82.6		325.7	234.32
7	梭　梭	296	296						296	100
8	银 + 新、箭杆杨	651		333.43		95.67	32.6		461.7	70.92
9	柽　柳	–		2.7					2.7	新增树种
10	沙枣、沙棘	–		4.1	16.13				20.23	新增树种
11	月　季	–						0.96	0.96	新增树种
12	白皮松	–						0.72	0.72	新增树种
13	油　松	–						0.53	0.53	新增树种
14	山　桃	–						0.53	0.53	新增树种
15	牡　丹	–						0.6	0.6	新增树种
16	樱　花	–						0.46	0.46	新增树种
17	侧　柏	–						8.11	8.11	新增树种
18	五角枫	–						1.15	1.15	新增树种
19	其　他	–						1.77	1.77	
合　计		4765	296	1404.69	689.6	1849.81	545.23	14.83	4800.16	101.2

注：“2011 年”包括项目的追溯报账数；“其他”为陕西增造的单个树种面积不足 0.1 公顷的风景林。.

在黄土高原沟壑区建设的生态林（甘肃庆阳）

各年度造林检查验收报告、半年进展报告和竣工前开展的项目林分质量普查表明，营造生态林的种苗、面积核实率、造林成活率和保存率、生长指标达到了项目规定的要求。在项目竣工时，一类、二类生态林的比例占生态林造林面积的 99.1%，林分整体质量良好。详见附件 1《项目造林质量调查评价报告》。

2.1.3 果品储藏

项目包括了支持甘肃民营企业建设果品储藏设施的活动。中期调整后，计划建设果品贮藏库 4 座。至 2019 年上半年，在甘肃省泾川、合水、徽县建成的 4 座果品贮藏库全部投入使用，储藏能力达到 8250 吨。建成后的使用情况分为两种：一是企业主将果品贮藏库租给客商，按照 0.3 ~ 0.6 元 / 公斤收取贮藏费，二是企业有自己的生产基地，贮藏库用来贮藏基地的果品，延长水果的保鲜时间等。详见表 4。

表 4　项目经济林果品储藏设施建设

序号	名　称	完工时间（年）	贮藏容量（吨）	投　资	运行情况
1	泾川县元通果蔬经销有限责任公司	2011	3000	概算总投资 619.72 万元，其中亚行贷款项目资金 330 万元，企业自筹资金 289.72 万元	较　好
2	合水县陇东牧业有限责任公司	2014	3000	合同金额为 621.64 万元，其中亚行贷款 391.63 万元，企业自筹 230 万元	正　常
3	合水县陇原果品有限公司	2015	2000	合同金额为 334.42 万元，其中亚行贷款 210.68 万元，企业自筹 123.74 万元	正　常
4	徽县雅龙银杏产业开发有限责任公司	2014	250	总投资 132.10 万元，原计划亚行贷款 80 万元，企业自筹 52.10 万元，后因取消 80 万果库报账计划，企业自筹 132.10 万元	较　好

项目新建的 2000 吨果品贮藏库（甘肃合水）

2.1.4 基础设施建设

2.1.4.1 森林公园基础设施

本部分涉及陕西省汉中市略阳县金池院林场、西安市周至县厚畛子林场、西安市户县太平森林公园、宝鸡市马头滩林业局、宝鸡市辛家山林业局、汉中市南郑黎大汉山风景区 6 个单位的 7 个森林公园的基础设施建设，签署合同金额 9390.61 万元，建设内容包括游客服务中心、接待中心、旅游步道、康养体验和宣传教育设施等。项目建设从 2013 年开始，至 2018 年全部建成。详见表 5。

表 5　森林公园基础设施建设

序号	林　场	工程名称	合同签订时间（年）	工程概算（元）
1	略阳县金池院林场	五龙洞森林公园游客服务中心建设	2013	14965965.23
2	周至县厚畛子林场	黑河森林公园水苑山庄建设	2013	12532716.98
3	户县太平森林公园	太平森林公园生态旅游步道工程	2013	11998749.96
4	马头滩林业局	马头滩林业局游客服务和接待中心建设	2013	16185083.81
5	辛家山林业局	通天河国家森林公园基础设施建设项目游客服务中心综合楼和旅游步道工程	2014	12859068.43
6	汉中南郑县大汉山风景区	南郑县汉山景区环保宣教中心工程	2016	14979581.10
7	周至县厚畛子林场	黑河森林公园旅游基础设施建设	2017	10384888.01

森林公园康养设施（陕西通天河国家森林公园）

森林体验科普设施（陕西马头滩林业局）

由全球环境基金资金支持的国有林场碳汇机构能力建设，在中国绿色碳汇基金会的支持下，选择厚畛子林场和马头滩林业局两个林场作为试点，制订的《森林体验与碳汇教育建设项目实施方案》经亚行批准后实施。项目采购的管理设施、道路、服务和宣教设施，按项目中期调整后的计划完成（表6）。

表 6　项目森林公园主体基础设施建设

主体工程类别	设计任务量	累计完成量	完成比例（%）
管理设施（平方米）	3500	3500	100
客房建设（平方米）	10374	9874	95
服务设施（平方米）	5150	5150	100
科普教育（平方米）	5500	5500	100
道路建设（千米）	12	12	100

2.1.4.2 新疆乡村综合基础设施建设

该部分的项目活动在新疆的 5 个市（县）内实施，具体包括供电设施、水利灌溉设施、道路、草场围栏等，紧密结合当地经济和民生发展实际需求进行。截至 2019 年上半年完成的基础设施建设的情况，见表 7。

基础设施开工仪式（新疆和静）

表 7 新疆基础设施建设完成情况

序号	项目建设内容	项目区	规格或型号	单 位	数 量
1	高压输电线	昌吉、哈密、库尔勒、和静、焉耆	10 千伏安	千米	67.74
2	变压器及配套设施	昌吉	100、120 或 160 千伏安	台	5
3	道路(干道或辅道)	昌吉、和静	砂石路面（6 米）或土路	千米	10
4	围栏	昌吉、哈密、和静、焉耆	水泥桩高 5 米，刺铁丝	千米	402.9
5	引水渠（干渠或支渠）	昌吉、和静、焉耆	防渗渠	千米	102.25
6	闸门	昌吉	小型，流量低于每秒 100 立方米	座	883
7	蓄水池（滴灌池、引水桥涵）	昌吉	按现地要求	座	7
8	滴灌	昌吉、哈密、和静、焉耆	塑料管道，地下埋设	公顷	6015
9	机井（节水电控设备、供水塔）	昌吉、哈密、库尔勒、和静、焉耆	按现地要求	套	187

新疆亚行办提供的进度报告表明，设施建设全部使用亚行贷款按项目批准的计划完成。项目监理公司提供的验收报告证明设施建设合格，满足项目的需要。

2.1.5 项目采购

（1）采购类型。项目采购包括物资采购（含办公设备、生产装备、车辆等）、土建工程采购（含造林工程等）和服务采购（含专家、培训等）三个类型。其中，物资装备采购主要是三个省份的省（自治区）、县项目办实施项目需要的办公、通信、信息、监测等设备以及项目实施单位开展项目活动需要的机械、仪器和车辆采购。见表 8 所示，截至 2019 年 6 月，共计采购办公设备 776 台（套），占项目总计划 645 台（套）的 121%。

项目采购的办公设备（甘肃庆阳）

表 8　办公设备、车辆、林业装备购置任务完成情况

序号	名　称	单　位	评估目标	调整后目标	年度完成情况				累计完成	完成率（%）
					2012 年	2014 年	2015 年	2018 年		
1	台式电脑	台	180	250	120	62	32	36	250	100
2	笔记本电脑	台	154	261	103	36	57	65	261	100
3	复印机	台	62	72	32	30	5	5	72	100
4	打印机	台	75	83	35	35	13	0	83	100
5	传真机	台	80	94	41	36	17	0	94	100
6	照相机	台	113	138	32	68	7	31	138	100
7	摄像机	台	3	16	0		2	14	16	100
8	多用一体机	台	7	29	0		6	23	29	100
9	文件柜	个	151	163	93	60		10	163	100
10	办公桌椅	套	0	2				2	2	100
11	投影仪	台	43	53			43	10	53	100
12	移动硬盘	个	0	35				35	35	100
13	GPS	台	15	34			15	19	34	100
14	摩托车	辆	8	0			8		8	100
15	汽　车	辆	33	2	2				2	100
16	森防专用车	辆	3				3		3	100
17	扫描仪	台	44	49	32	2	15		49	100
18	小型气候观测设备	台	11	11			11		11	100
19	监测工具箱	辆	12	12			12		12	100
20	森防设备	套	7	7			7		7	100
21	车载高射程喷雾喷烟机及配套皮卡	辆	4	4			4		4	100
22	森林消防打药车	辆	1	1			1		1	100
23	农用拖拉机	辆	1	1			1		1	100
24	小型洒水打药车	辆	3	3			3		3	100
25	旋耕松土机	辆	3	3			3		3	100
26	多用植树挖坑机	辆	10	10			10		10	100

（续表）

序号	名 称	单 位	评估目标	调整后目标	年度完成情况				累计完成	完成率(%)
					2012 年	2014 年	2015 年	2018 年		
27	推车式远射程喷雾机	辆	10	10			10		10	100
28	背负式喷雾喷粉机	辆	11	11			11		11	100
29	背负式弯管烟雾机	辆	5	5			5		5	100
30	手提式水雾机	辆	19	19			19		19	100
31	履带自走式果园喷雾机	辆	1	1			1		1	100
32	农用运输车	辆	3	3			3		3	100
33	车载式高射程打药机	辆	3	3			3		3	100
34	无人机	套	0	2				2	2	100

(2) 采购合同的执行。在项目实施期间，三省（自治区）的造林、土建工程、装备购置、基础设施、培训和专家咨询等项目活动，共签订采购合同 1348 项，其中：陕西 426 项，甘肃 572 项，新疆 36 项。三省（自治区）项目办按照项目《资金申请报告》《亚洲开发银行采购指南》和亚行批准的采购计划，以自营工程、国内竞争性招标、询价招标等方式采购，圆满完成了采购执行任务。

本项目实施期间三省（自治区）的全部采购合同及其执行情况，见附件 3《采购计划执行表》。

2.2 投资完成情况

本项目计划总投资人民币 123410.19 万元，按项目评估时 1 美元兑换人民币 6.83 元的汇率，折合 18068.84 万美元。其中：亚行贷款 10000 万美元，折合人民币 68300 万元，占项目计划总投资的 55.34%，GEF 赠款 510 万美元，折合人民币 3483.30 万元，占项目计划总投资的 2.82%。国内配套资金人民币 51626.87 万元，占项目计划总投资的 41.83%。至 2018 年年底，项目实际完成总投资人民币 121055.81 万元，占计划总投资的 98.09%。按项目实施期间加权平均汇率 1 美元兑换人民币 6.48 元折算，项目总投资为 18681.45 万美元，占计划总投资的 103.39%。

（1）亚行贷款资金使用情况。整个项目使用贷款资金 8720 万美元，占协定贷款总额度 10000 万美元的 87.20%，其中 ：工程造林部分（造林、基础设施）8657.93 万美元，占该类别调整后贷款总额 9863.8 万美元的 87.77%；机构能力建设部分 41.62 万美元，占该类别贷款总额 92.60 万美元的 44.95%；设备购置部分 20.45 万美元，占该类别贷款总额 43.60 万美元的 46.90%。项目贷款资金分省份使用情况，甘肃省完成贷款额度的 96.60%，陕西省完成贷款额度 100.50%，新疆自治区完成贷款额度的 64.50%，新疆提取贷款比例较低，主要由于项目准备时间较长，部分项目活动未及时开展，加上当地自然环境恶劣，部分造林地块没有达到报账标准。

(2) GEF 赠款资金的使用情况。GEF 赠款资助陕西、甘肃和新疆每个省（自治区）170 万美元，用于陕西省建设林业碳汇教育生态中心；甘肃省营造 700 公顷生态林、新疆营造 435 公顷生态林；甘肃和新疆的人员培训和设备购置。该部分项目资金的使用情况：项目实际使用赠款资金 429.48 万美元，占赠款总额度 510 万美元的 84.21%，其中甘肃省完成其赠款额度的 99.10%，陕西省完成其赠款额度 100.80%，新疆维吾尔自治区完成其赠款额度的 52.70%。

甘肃省项目办检查项目单位内业资料（甘肃麦积区）

审计检查组考察项目现场（新疆库尔勒）

（3）项目配套资金到位情况。整个项目实际筹集配套资金 37129.37 万元，其中：省级到位 4323.61 万元，占配套资金总额的 11.64%，完成省级配套资金计划的 59.00%；地级到位 1064.12 万元，占配套资金总额的 2.87%，完成计划的 17.70%；县级到位 5408.61 万元，占配套资金总额的 14.60%，完成计划的 35.00%；企业和农户到位 26333.02 万元，占配套资金总额的 70.90%，完成计划的 115.30%。项目配套资金分省到位情况：甘肃省实际到位 11441.38 万元，完成计划的 69.10%；陕西省实际到位 17274.56 万元，完成计划的 101.30%；新疆维吾尔自治区实际到位 8413.42 万元，占计划的 46.20%。

项目投资完成及效益，详见附件 5《投资和财务经济分析报告》。

2.3 项目计划的调整

项目实施的 8 年间，由项目省份提出并经亚洲开发银行和财政部同意，对项目县、造林面积等项目活动、资金支付进行了调整。其中：2015 年项目中期调整，部分项目区所在地的行政区划发生变化，不得不进行调整；碳汇（生态中心建设）等项目活动因不适应项目形势变化、难以落实进行了调整；甘肃用于的贮藏库和核桃加工厂因错过市场机遇进行了调整；新疆为适应项目地区发展新形势，将部分营林和能力建设贷款用于基础设施建设。

除因上述项目活动调整造成的资金调整外，项目资金调整还考虑了汇率变化带来的项目资金总量的变化。总体上，项目调整考虑了市场行情、社会经济条件、政策环境变化等因素，在确保可行性和社会经济效益的前提下进行，促进了项目目标的实现和项目资金的优化使用（见表 9）。

表 9　项目计划调整汇总表

省　份	项目县（单位）	项目活动	资金支付
陕西	①凤县、合阳县退出，调整至白水县、厚畛子林场； ②南郑县黎坪森林公园建设项目调整至本县大汉山风景区	碳准备教育（赠款类别 2）、陕西生态林业中心（类别 3）建设内容调整为环科教育、森林体验和康养基地建设等	项目县、项目活动调整后，资金支付、还贷安排等作相应调整
甘肃	陇南市核桃加工厂以及甘谷、秦安、静宁县（区）果品储藏建设单位退出项目	取消陇南市核桃加工厂活动，原计划的 6 个市（州）的 8 座果品贮藏库改为 3 个县 4 座	对核桃加工、果品储藏项目活动调整后，资金、还贷责任作相应调整
新疆	①昌吉市实施地点由三工、大西渠、昌吉国家农业园区调整到榆树沟工业园区、三工八钢工业园区、庙尔沟乡； ②哈密市实施单位由南戈壁水利局农场调整到西戈壁，陶家宫调整到二堡	和静县将种植黄杏改为种植红枣	由于亚行未细分造林投入，2016 年中期调整时造林投入细分到每个县市；调整了赠款中培训及设备的金额

2.4 调整后的执行结果

项目从 2011 年开始实施，截至 2019 年项目竣工时各类别项目活动完成的情况，见表 10。

表 10　项目计划调整执行结果汇总表

项目活动	调整后计划的总任务量	至 2018 年年底的完成量	完成率（%）
一、营林（公顷）	43154.50	43945	102
1. 营造经济林	38380.5	39114.84	102
其中：陕西	15048	14171	94
甘肃	17977.5	19600.84	109
新疆	5355	5343	99
2. 营造用材	30	30	100
3. 营造生态防护林	4744	4800.16	101
其中：陕西		14.83	
甘肃	3679	3679	100
新疆	1065	1106.33	104
二、基础设施建设			
1. 陕西国有林场建设			
管理设施（平方米）	3500	3500	100
客房建设（平方米）	10374	9874	95
服务设施建设（平方米）	5150	5150	100
科普教育设施（平方米）	5500	5500	100
道路建设（千米）	12	12	100
2. 甘肃建果品贮藏库座	4	4	100
3. 新疆			
道路和围栏（千米）	415.6	412.9	99
水利工程（套）	209	209	100
供电设施建设（千米）	43.68	67.74	155
农用设备（套）	5	5	100
三、机构能力建设			
1. 办公设备购置（台）	692	788	114
陕西	277	329	119

（续）

项目活动	调整后计划的总任务量	至 2018 年年底的完成量	完成率（%）
甘肃	270	359	133
新疆	145	100	69
2. 车辆购置（辆）	73	2	3
陕西	41		0
甘肃	29	0	0
新疆	3	2	67
3. 培训（人次）			
其中：国外培训考察	120	0	0
陕西	60	0	0
甘肃	60	0	0
新疆			
国内培训	89285	148078	166
中央项目办		1158	
陕西	25940	40755	157
甘肃	16120	63404	393
新疆	47225	43919	93

3 项目管理体系

3.1 法律制度体系

中国政府与亚洲开发银行之间的法律协议，包括《中华人民共和国与亚洲开发银行西北三省（自治区）林业生态发展项目贷款协定》（2011 年 6 月 3 日签订）、《中华人民共和国与亚洲开发银行西北三省（自治区）林业生态发展项目赠款协定》（2011 年 6 月 3 日签订），以及三省（自治区）人民政府与亚洲开发银行分别签订的《项目协议》（2011 年 6 月 3 日签订），是本项目实施的依据。根据这些法律依据，亚洲开发银行的《项目管理指引（PAI）》《项目管理手册（PAM）》《咨询专家聘请指导准则（2012）》《采购指导准则（2012）》《贷款支付手册（2007）》《环境和社会保障政策说明（2009）》《反腐败与廉洁（2007）》等业务规范以及国内相关法规、技术标准等，各级项目管理部门和实施主体也需要认真遵守。

项目实施过程中，中央项目办每半年通过进度报告总结各法律协议的履行情况提交亚行审查，各级项目办从项目启动以来，坚持把项目协议和相关法规作为培训的首要内容，项目评估计划的调整严格以《贷款协定》《赠款协定》和《项目协议》为基本依据进行，并在调整后按照程序对相关法律协议进行修改。

在项目准备和启动实施过程中，根据项目需要和上述法律协议，中央项目办牵头指导三个项目省（自治区）制定了 13 项项目文件、制度规程、实施办法或细则规定，形成项目基本制度体系（表 11）。项目的管理制度体系完整并有较高的科学性、先进性和适用性，整体上保障了项目的顺利执行。

表 11　项目指导文件和制度规范

发布单位	名称、发布时间
中央项目办	《资金申请报告》（2010）、《项目管理办法》（2012）、《项目财务管理办法》（2012）
项目省（自治区）项目办	陕西省：《可研报告》（2009）、《项目检查验收办法（试行）》（2014）、《项目财务管理办法（试行）》（2011）、《项目档案管理办法》（2011）
	甘肃省：《可研报告》（2009）、《造林检查验收办法》（2012）、《作业设计办法》（2012）、《项目财务管理手册》（2012）
	新疆维吾尔自治区：《可研报告》（2009）、《项目提款报账实施细则》（2009）、《项目管理办法》（2010）、《环境管理计划》（2010）、《少数民族发展计划》（2010）

截至项目竣工的履约情况，见附件 2《协约条款履行情况表》。

3.2 组织机构体系

本项目建立了适合国情、高效管理的三级组织管理机构。在中央层面，国家林草局世界银行贷款项目管理中心（亚洲开发银行贷款项目管理办公室）负责项目总体协调、指导和项目情况汇总；在省级层面，项目实施包括两个管理结构：一是成立了项目领导小组，由分管林业的副省长或自治区副主席任组长，省（自治区）发改委、财政厅、林草局和审计厅等的代表为领导小组成员。省级项目领导小组负责制定政策、审查工作计划，确保部门机构间的协调，并对项目进展进行评估；二是成立了省（自治区）项目管理办公室，提供技术指导、编写并检查省级年度工作和预算计划。省级项目办设在省（自治区）林草厅（局），并配备林业、环保、社区咨询、培训推广、财务管理和采购方面的专业人员。在市、县层面，成立了县级项目领导小组，由分管林业的市（县）长

世行中心主任马国青在项目区指导工作（陕西）

世行中心副主任刘玉英在项目会议上（陕西）

任组长，对各机构间的协作进行协调、审查年度计划，增加地方配套资金的年度预算计划、确保项目按照这些计划实施。市（县）级项目办负责编制项目实施计划和计划落实，负责造林和其他项目活动的技术指导和检查验收。总体来说，本项目管理机构相对完善，满足了项目实施的实际需要。

国家林草局亚行项目管理办公室充分发挥行业项目管理部门牵头把总、协调各方的组织优势，通晓规则、熟悉政策的专业优势，人才集中、力量雄厚的队伍优势，对三省（自治区）项目工作实行“一个窗口、统一对外，分类指导、统一管理”，把工作重点放在协调项目进度安排，做好项目指导服务，加强人员能力培训、完善项目监督评价等 4 方面。省级项目办主要负责安排建设任务、核查建设质量以及审核支付报账，县级项目管理部门承担具体实施工作。各级项目管理机构职责任务清晰，衔接顺畅紧密，运行协调有序，形成“部门牵头、地方实施，分级负责、协同配合”的项目管理工作格局。

3.3 技术支撑体系

本项目的技术支撑体系首先是在省级、县级开展各类成熟适用技术和项目管理要求的培训。项目实施期间，在不同层面分别举办了面向不同对象、内容多样的培训班，共有 149236 人次参加。其中：中央项目办举办 22 期培训，共 1158 人次参加；省级项目办培训 35 期，共 3914 人次参加；县乡级项目办举办培训 718 期，共 144164 人次参加。分管理层级的项目培训完成情况，见表 12。

项目经济林修剪培训（陕西富县）

表 12　项目分管理层级开展培训活动

项目机构	培训层级	培训期数	参加人次	培训内容
中央项目办	国家级	22	1158	《项目管理办法》《项目财务管理办法》，亚行采购政策及支付政策，项目审计常见问题及其防范，《环境合规监测报告》《初始环境检查报告》和《环境管理计划》，绩效监测系统，绩效评价，竣工总结等
陕西项目办	省　级	12	440	造林模型和检查验收、项目管理制度、项目财务和支付管理、物资设备采购
	县乡级	104	40315	核桃、茶叶等主要经济林栽培，造林质量控制，农药使用和监控，森林康养，碳汇计量和气候变化，森林科普教育
甘肃项目办	省　级	16	1800	贷款和赠款协定、项目营造林管理、财务管理、项目采购等
	县乡级	533	61604	经济林的栽培，病虫害防治，苹果修剪、苹果越冬管理，生态林抚育管护，森林防火，有害生物防治等
新疆项目办	省　级	7	1674	利用国外金融机构贷款促进林业事业发展、利用国内金融机构贷款和财政贴息政策推进产业发展、新一轮退耕还林工程检查验收管理与应用、项目周期管理、对外经济合作项目管理、项目竣工验收等
	县乡级	81	42245	特色林果技能、生态林种植和保护、项目管理制度、营林工程管理和报账支付
合计	国家级	22	1158	
	省　级	35	3914	
	县乡级	718	144164	

枣树中期管理培训（新疆哈密）

其次，项目实施期间，三个项目省（自治区）按照要求的基于资历的项目采购程序，聘用共计 8 个单位 36 名咨询专家工作时间共 2660 天为本项目提供技术服务。详见表 13。

表 13　项目聘用的国内专家

省 份	职 责	单位，人数，时间、天数
陕 西	环评报告 环评报告 中期监测	（1）中科院水土保持研究所，1 人，2017 年，360 天 （2）陕西省环科院，3 人，2009 ～ 2010 年，360 天 （3）陕西省林勘院，26 人，2015 年，140 天
甘 肃	经济林 电子商务 监测评估	（1）甘肃农业大学园艺学院，1 人，2017 年， 260 天 （2）北京柏华众和公关顾问有限公司，1 人，2017 年，200 天 （3）兰州大学，1 人，2017 年，260 天
新 疆	环境评估 社会评估	（1）新疆林业科学院，1 人，2013 年，360 天 （2）新疆师范大学社会评估中心，2 人，2013 年，720 天

此外，三省（自治区）项目办还通过邀请国际专家来华指导交流，以及组织项目管理和技术人员赴国内林业先进管理单位学习交流等，提高技术应用能力。

3.4 保障政策体系

保障政策（safeguards）是指《贷款协定》和亚洲开发银行《保障政策声明》（2009）要求确保环境、自然栖息地、原住民（少数民族）、性别安全的政策。具体要求是，通过适当的监测评估，及时向受影响利益相关方发布信息并征求其意见，避免、减少、减缓或补偿可能产生的负面影响。这些政策结合中国的有关法规，被融入《初始环境检查报告》《社会发展及扶贫战略》等项目文件并得到认真执行。通过对安全保障政策开展宣传培训，提高了各级项目管理人员对安全保障政策的认识。通过居民平等参加项目，制订符合少数民族的文化传统及宗教信仰的《少数民族发展计划》，实施磋商管理以及加强监督指导和监测评价，本项目弱势群体的权益得到保障，项目活动对于弱势群体的生计和自然环境的影响得以减缓。项目实施以来，项目区没有发生重大安全保障事件，保障政策在项目省（自治区）的重视下得到了严格落实。

作为亚行 B 类环评项目，按照国家有关环境保护法规和亚洲开发银行环境业务政策，对项目开展了环境评价。按照项目《初始环境检查报告》的要求指导项目的设计与施工，努力减轻或消除项目实施对环境造成的负面影响。在造林地及树种选择、整地和造林方式、抚育管理和森林防火等环节，把是否符合项目环保要求作为验收和报账的标准之一。农药使用严格按照项目《病虫害管理计划》加强管理。生态林建设主要采用乡土树种或植被，尽可能营造混交林。经济林施肥多使用产品质量较好和对环境友好的有机肥，项目经济林、生态林的环保措施合格率均达到 95% 以上。新疆项目办委托新疆林科院对项目水、土壤和生物多样性可能产生的影响进行了监测和评价，定期提交报告给中央项目办和亚洲开发银行。

妇女学习经济林芽接（甘肃陇南）

由于大量农村男性进城务工，妇女因留守照顾老人和孩子而成为本项目的重要劳动力来源。项目的社会评价表明，在本项目实施期间，无论是汉族还是少数民族，项目区农村家庭中，男女共同承担家庭生产生活劳动，女性的经济地位逐渐提升，对于家庭重要事务的决定拥有更大的发言权，男性与女性的作用更加趋于对等。项目区确保妇女平等参与项目，促进了农村家庭幸福及社会和谐发展（例证 1）。

例证 1　妇女参与项目提高社会地位

甘肃省项目区把鼓励妇女参与项目作为重要管理措施，在全省广泛推行提倡妇女优先参与技能培训和项目劳务费男女同工同酬的政策，激发了广大留守妇女参与项目的积极性。通过技术培训，广大留守妇女掌握育苗、嫁接、疏果、修枝等果树管理知识和操作技能。据统计，妇女在甘肃省项目培训人数中占参加总人数 45%，达到 12216 人次，通过参与项目人均年增加收入 560 ～ 20000 元。其中，庆阳项目区提出“带动一批妇女，搞活一地经济，富裕一方群众”的口号；在天水市，项目实施期间接受培训的妇女高达 8000 余人（次），占项目培训人员近 50%，确实发挥了项目实施“半边天”的作用。留守妇女在完成家务的同时，通过参加培训掌握了新技能又增加了收入，其家庭地位提高，对家庭幸福、社会和谐起到了积极作用。

维吾尔族村民种植葡萄（新疆焉耆）

结合项目保障政策的实施和磋商活动，三省（自治区）通过报纸、电视、互联网等公共媒体，开展了大量信息宣传活动。统计表明，三省（自治区）项目办的官方网站，累计向公众免费提供项目事务和活动的信息 821 条、新闻 247 篇、文章 44 篇。另外，通过各种途径散发宣传资料 380163 份。信息宣传对于提高公众对于项目的认知，扩大项目的影响，取得社会各界的支持起到了积极作用（表 14）。

表 14　项目宣传信息统计

省　份	网络信息（条）	新闻报道（篇）	项目文章（篇）	宣传资料（份）	宣传牌（个）	宣传车（次）
陕　西	33	22	31	48500	31	-
甘　肃	723	209	44	313463	240	2020
新　疆	65	16	14	18200	7	507
合　计	821	247	59	380163	278	2527

3.5 监测评价体系

根据项目《贷款协定》《项目管理手册》的有关规定，通过半年进度报告、亚行年度检查、环境监测、社会评估、检查指导、审计对项目开展监测评价，形成可对项目实施管理进度、阶段性成果、经验分享方面进行监测的项目绩效管理体系（PPMS）。三省（自治区）项目办各自聘请了第三方专家，对项目社会管理、环境管理、林分质量进行监测与评价（表 15）。

监测与评估专家检测取样（甘肃积石山）

表 15　监测与评价实施情况

序号	监测与评价方法	成　果	时　间	实施单位
1	半年实施进度总结和回顾	在项目省（自治区）报告的基础上，每半年汇总项目进度一次，形成报告	2012 ～ 2019	国家林业局亚行办、省（自治区）项目办
2	实施影响监测评价	《亚行贷款西北三省区林业生态发展项目环境监测报告》《亚行贷款西北三省区林业生态发展项目社会评估报告》	2011 ～ 2019	国家林业局亚行办、新疆自治区项目办
3	项目管理信息系统	三省（自治区）填写项目进展并实施自动汇总分析	2014	国家林业局亚行办
4	亚行专家组检查指导	每年组织有关专家，来华检查项目进展并指导项目实施，与中方达成《亚行检查备忘录》	2012 ～ 2019	亚洲开发银行
5	项目年度审计	每年对三个省（自治区）审计厅对项目贷款、赠款账户实施审计，出具《项目审计报告》	2012 ～ 2019	三个项目省（自治区）的审计厅
6	项目绩效评价管理	由独立第三方在项目中期、末期对项目执行进行绩效评价，分别形成报告，对社会公开	2015，2019	中国林科院资源信息所

截至项目竣工时间的监测业绩指标，见附件 1《项目设计与监测框架表》。

4 项目实施成效

4.1 经济效益

按 8 年建设期、17 年经营期对三省（自治区）的经济林、水果贮藏库建设、森林公园康养设施建设进行了财务经济效益分析（详见附件 5《投资和财务经济分析报告》）。经测算，整个项目的财务内部收益率平均为 12.1%，税后净现值为 82773.89 万元，项目国民经济内部收益率为 16%，净现值为 163719.05 万元。项目的经济效益良好。

项目红枣经济林挂果（新疆哈密）

（1）通过种植经济林产品和农林间作获取收入。项目的经济效益主要是来自农户种植经济林。另外，通过在经济林种植后的 1 ～ 3 年内，间作农作物、蔬菜、药材、花卉等获取短期收入。对项目营造林的财务经济分析表明，项目各经济林树种的财务效益都比较好，除兼用林的财务内部收益率为 7.4% 之外，其余经济林树种的财务内部收益率均在 8% 以上，银杏和柿子的内部收益率超过 13%。

例证 2 核桃种植助推农户增收致富

陕西省宝鸡市陈仓区县功镇从 2012 年开始亚行项目经济林造林，14 个村 134 个小班共完成项目造林 8863 亩核桃。该镇的谢家崖村，共有 524 户农户，人口 1500 人，其中 320 户参加了亚行项目，完成项目造林栽植核桃树 1076 亩。项目造林用地一般是退化低效干旱农田，年景好的时候，小麦亩产 400 斤。造林由村组织实施，县财政统一安排项目资金，每亩造林补助 1400 元，其中 700 元是材料费、700 元是劳务费。如果农户没有劳动力，村里组织专业造林队帮助完成挖穴栽植，每亩 33 株，造林成活农户验收后，县财政按完成任务量、每株 5 元，从补助的劳务费中付款给造林队。造林 3 ~ 4 年后，每亩可收入 3500 元，每户一般承建 5 亩，收入 1.75 万元全部归农户，贷款由县财政统贷统还。据统计，县功镇项目农户来自亚行项目的劳务和种植收入占家庭年收入的近 30%。

项目种植的苹果初实（陕西乾县）

（2）果品储藏促进当地果品产业增收。果品储藏使果蔬保鲜通过延长果蔬的贮存期和销售期（约 6 个月）提高果品附加值和利润率，还可抑制病虫害的发生，使果品重量损失减至最小，是经济林产业链的重要组分。甘肃项目区建设的果品贮藏库，已经开始显现企业和农民双赢、促进当地经济林产业链的预期作用。合水县政府专门出台了新建果品储藏企业免税的政策，减轻了业主偿还亚行贷款的负担。建成的果品贮藏库的运行需要大量的果品分拣、储存、销售和运输劳务，缓解当地农民的企业就业问题，带动群众增收并增加当地财政收入。

项目建成的 4 座果库均已进入正常运营状态。其中，泾川县新建 3000 吨果品冷藏库，使公司冷藏库库容扩展至 10000 吨，促进企业经营规模的不断扩大，为公司年销售 1 万吨果品奠定坚实基础；合水县果库的总储存量为 5000 吨，产生年净收入 140 万元以上。

（3）建成森林公园的营业收入增加。陕西省 7 个国营林场的生态旅游设施建设，包括客房、景区干道、旅游步道、康养设施、游客接待中心。响应国有林场改革的要求，为社会提供生态服务，也为林场提供了新的收入来源。例如，马头滩林场通过亚行项目增加旅游业发展投入，建设的综合服务楼 2014 年 10 月开始试营业，接待的游客数量逐年增加，住宿、门票、餐饮、购物累积增加的直接收入比项目实施前提高了 48%，林场工人人均工资从项目实施前的每月 200 元提高到目前的 2300 元以上。

4.2 生态效益

项目实施期间，按照《初始环境检查报告》的要求完善了项目的环保规程，使项目营造林活动充分体现了项目的生态改善目标的要求，项目建成林分和植被发挥了较好的生态保护效益。

（1）植被盖度增加，水土流失和荒漠化危害减少。由表 16 所示，陕西、甘肃、新疆三个省（自治区）项目县的植被盖度分别增加 0.3%、0.49% 和 0.047%。项目区选择在西北干旱、半干旱地区的退化瘠薄土地上，自然条件差、造林成活率低，植被盖度增加难度非常大。植被盖度的增加弥足珍贵，对当地的人居生态环境的改善和可持续发展起到重要作用。

生态林种植前后比较（新疆哈密）

表 16　项目对植被盖度的贡献

项目省（自治区）	项目县国土面积（公顷）	本项目新增植被	
		新增植被面积（公顷）	新增植被盖度（%）
陕　西	4827900	14185.8	0.3
甘　肃	4419000	23279.84	0.49
新　疆	13446900	6449.3	0.047

注：①植被盖度是加权平均值，植被盖度 = 乔木郁闭度 + 灌木盖度。

根据甘肃省项目办对庆城县、宁县、西峰区、崆峒区、通渭县、临洮县项目生态林建设区水土保持效益的监测结果，立地的土壤侵蚀模数从在生态林营造之前的5762.2吨／（平方公里·年）降低到项目实施后的4801.8吨／（平方公里·年），下降16.7%。在新疆，GEF资金支持了哈密市大泉湾乡黄龙岗村1450亩荒漠化治理。项目治理前，长期过牧和地下水开发造成流动沙丘严重威胁周边人居安全。春秋季节风沙肆虐，威胁到哈密市黄龙岗村的安全。2013年和静县林业局组织附近乡镇栽植梭梭防风固沙林，对整个流动沙丘裸露地实现地表植被覆盖，有效保护了周边3215亩农田和2000人的村社区的正常生活。市里安排了护林员对造林后的林分悉心看护和抚育。项目保护了农民的棉花地、玉米地，下风地域不再遭受沙尘侵袭，当地生产和生活环境都得到了根本性的改善。

项目生态林种植前后比较（新疆库尔勒）

项目造林地前后比较（新疆和静）

（2）生物多样性和野生动物栖息地增加。三省（自治区）项目造林以乡土树种为主，新增经济林树种12个，生态林树种19个，提高了当地植物多样性水平。造林和土地使用过程中采用的保持土地持续覆盖、栽植豆科植物、间作农作物、保留天然更新植被、限制全垦整地、以有机肥代替化肥、测土配方施肥、综合病虫害管理等环境友好的措施，修复了退化土地的生产力，增加了野生动物栖息地的面积。

（3）碳汇能力增强。项目的植被类型、覆盖度的增加，提高了项目区的植被生物量，植被碳储量显著增加。根据《第三次国家温室气体清单编制方案》的碳汇计量标准，对项目新增碳汇量进行了建模估测。结果表明，项目区林木新增生物量 1453350.1 吨，林木新增碳汇量 683074.5 吨，初步发挥了森林减缓气候变化的作用（表 17）。

表 17　项目新增碳汇量估测

造林类型	新增面积（公顷）	生物量（吨）	碳储量（吨）	计算说明
经济林	39114.84	1341610.2	630556.8	经济林平均生物量为 34.303 吨 / 公顷（地上和地下），经济林平均含碳率为 0.47
生态林	4981.13	111739.9	52517.8	由于目前的生态林大部分没有达到森林标准，按照灌木林 22.715 吨 / 公顷（包括地上和地下生物量），全国灌木平均含碳率为 0.47
合　计	44095.97	1453350.1	683074.5	

4.3 社会效益

（1）项目为当地创造大量就业机会。根据三个项目省（自治区）提供的数据，参加项目农户数达到 112213 个（表 18），项目实施累积创造 99800 个就业岗位。营造林是劳动密集型产业，育苗、整地、挖种植穴、栽植、中期管理、采收、林地巡护需要大量的劳动力，修建灌溉、输电、道路、围栏主要依靠项目区当地的劳动力完成。项目区普遍采用的“企业 + 农户”、大户流转土地等经营方式，使农民获得相对固定的务工岗位。实施项目种植活动的农户，普遍可以获得当地政府的资金补助或种苗、肥料、农药等物资补助，项目建成后可获得可观的林果产品收入。竣工绩效评价调查表明，项目实施期间农民的劳务费标准在每天 80 ~ 220 元之间，向农民发放的劳务费占全项目成本的 30% 以上，来自本项目的劳务费占典型调查户均年总收入的 5% ~ 15%。

村民赶集领取苹果栽培年历（陕西富县）

表 18　不同群体参与项目的情况

项目区	参加项目总户数	贫困农户数	少数民族户数
陕　西	40529	13000	0
甘　肃	59665	18080	3483
新　疆	12019	2400	8000
合　计	112213	33480	11483

（2）促进人口素质的提升。项目区包括了大量贫困农户。在 53 个项目县中，28 个是国家扶贫开发工作重点县，占项目总县数的 52%。由于长期贫困，自然条件差，交通不便，人口的教育水平和实际接触现代理念和外界信息的机会有限。当地农民通过项目准备和实施过程中的宣传、磋商、培训活动，接受生态保护理念的教育，掌握了符合可持续发展要求的生产技能，观念意识有了明显改变，成为当地生态建设的新的人力资本。在甘肃、新疆的少数民族聚居区，由于饮食及自身宗教传统和思想观念的差异，在家留守的劳动力资源丰富。项目针对少数民族农户实际，就造林地块、贷款额、劳力需求作出安排，在项目实施期内少数民族自愿、主动参与的人数呈增多趋势。甘肃省积石山县项目实施期内保安、东乡、撒拉族参加人数占参加项目总人数的 52%。亚行项目提供的发展机遇和激励政策发挥了“孵化器”作用，吸引了有较高素质的劳动力回乡创业，促进欠发达地区经济社会的发展（例证 3）。

回族群众领取劳务报酬（新疆昌吉）

例证 3　亚行项目支持外出务工青年回乡创业

陕西省汉滨区亚行项目办出台激励政策发展茶叶产业，吸引了大批有志青年回乡创业，组建公司或合作社，采取公司＋基地、公司＋合作社＋农户的经营模式，在产业园区建设高标准茶叶基地。项目办为回乡青年推荐了陕西独有地方茶树新品种、2012年获得了国家林业局植物新品种权证书的“陕茶1号”，并提供繁育基地培育的优质接穗和苗木。2011年，32岁的返乡青年王伟组建全区首个“陕茶1号”种苗繁育公司，从开始的2个村逐步扩大到4个镇，每年育苗30多公顷，年出圃茶苗4000万株。在他的带动下，9个在外地从事建筑、煤矿及服务业的青年纷纷回乡投身亚行项目创业。截至项目竣工，汉滨区亚行项目共建立“陕茶1号”茶叶基地386公顷，辐射带动全区新建标准化示范茶园5000公顷，建成茶园80%的面积已投产达效，8家茶叶生产企业、10个茶叶农民专业合作社参与茶园基地建设，取得了明显的经济、社会和生态效益。

(3) 促进了生态意识和生态建设。项目投资建设的森林公园康养设施、道路、电力等基础设施、生态宣教设施，采购的环境变化监测装备等，改善了森林经营单位的装备水平，为当地面向公众提供优质生态服务奠定了基础。新疆库尔勒项目区将节水滴灌技术运用于荒山绿化工程，建立了融野外考察、环保教育、青少年营地为一体的干旱荒漠植被科普基地。每年前来参观的大、中专学生及其他青少年在三万人次以上，被当地树立为生态文明教育典范单位。亚行项目采取的综合可持续措施，为实现当地政府提出的“美丽新疆”建设目标作出了示范（例证4）。

例证 4　综合可持续措施助推美丽新疆建设

新疆维吾尔自治区面积地域辽阔，整体自然环境恶劣，森林覆盖率仅4.24%，生态环境建设的任务繁重。亚行项目实施以来，5个项目县（市）围绕项目目标创新可持续发展实践，给当地生态环境带来可喜变化。项目通过36个合同建设的水、电、路、通信等基础设施，为植树造林改善生态奠定了基础。开展的林果种植活动和培训增加了牧民家庭收入，促进生产方式向生态可持续方向转变。按照亚行《初始环境检查报告》的要求开展了大气环境、水环境质量、声环境、水土流失的监测，每年形成包括因子现状、主要问题分析和对策建议的环境监测分析报告供有关部门决策参考。在项目开展的多处退化土地治理活动中，对昌吉市老龙河河床中段2086亩退化胡杨林开展了盐碱立地修复，通过退耕还林、补种胡杨，把呈碎片化的胡杨林连成一片，把退化土地打造成了距乌鲁木齐市最近的胡杨林景观公园。

4.4 长期影响

项目在生态脆弱立地营造的生态林在防止土地退化、稳定森林生态系统、保护城市免受荒漠化危害、美化社区环境方面发挥积极作用的同时，还通过辐射作用和机制制度建设，为项目区长期可持续发展提供了思路和模式。项目提倡的参与式设计方法与当地党委、政府“群众路线教育实践活动”“三严三实”“不忘初心 牢记使命”的思想方法高度一致。通过亚行项目实施总结的“综合生态系统管理”“全项目管理” “全成本核算”“利益相关方磋商”等新理念方法，“项目采购制”“验收报账制”“契约制”“绩效评价”等新管理模式，“苗木经济”“森林康养”“碳汇经济”等新发展业态，对于促进政府职能转化、树立科学发展观、建立廉洁政府、促进区域经济和谐可持续发展，发挥了积极的政策创新和示范引导作用。

5 与亚洲开发银行的合作

“西北三省区林业生态发展项目”取得的成效是亚洲开发银行和中国政府共同努力的结果。亚洲开发银行作为贷款资金的提供方，在过去 13 年的项目准备和实施过程中，通过检查评估、日常协调和技术援助，与中方协商解决问题推进项目进展。亚洲开发银行对项目的指导和监督是项目取得成功的重要条件。

5.1 适应性的管理方式

本项目是在欠发达地区实施、涉及千家万户的生态扶贫发展项目。与沿海和内地发达地区相比，项目区的人力基础、工作环境、自然条件比较困难，加上三省（自治区）之间的差异，协调推进项目实施的任务艰巨。在这种情况下，亚行项目工作组能在充分考虑中国国情、社情、林情基础上，努力克服管理障碍，为推进项目按既定计划实施奠定了基础。

5.2 严格的检查指导

在项目准备和实施期间，亚洲开发银行共 10 次派出 33 人次管理人员和专家来华检查指导项目工作（表 19）。他们不辞劳苦深入基层和野外现场，与基层技术人员和项目农户沟通情况、交流信息，

亚行项目经理 F.Radstake 访问项目农户（陕西）

了解基层受益人意愿。每次检查结束，都与中央项目办达成检查备忘录并致函国家发改委、财政部、国家林草局，阐明项目执行的主要进展、问题和下一步工作计划。他们严谨的作风和规范行事的精神，给中方人员留下深刻印象。

表 19　亚行检查组来华检查项目统计（2009 ～ 2018 年）

职　责	日　期	人　数	人员构成
项目认定	2009.6.4 ～ 16	2	R.Renfro(a) T.lin(a)
项目评估	2010.2.5 ～ 10	4	R.Renfro(a),R.Osullivan(h) F. Radstake（g）T.lin(a)
项目能力评估	2010.3.13 ～ 14	2	P. Fendon（f）,R.Remfro(a)
项目启动	2012.5.7 ～ 15	2	F. Radstake（g）， J.Doncillo（f）
项目检查	2013.6.4 ～ 11	3	F.Radstake(g)， M.Vorphal(e),J. J.Doncillo（f）
项目检查	2014.8.25 ～ 9.2	2	F. Radstake（g）， M.Anosan（f）
项目检查	2015.6.12 ～ 19	5	F.Radstake(g),K.Koiso(b), M.Anosan(f) S. Ferguson(e), A.Sebastian(j)
项目检查	2016.8.29 ～ 9.06	5	F.Radstake（g）；S.Tirmizi(i), M.Anosan(f),A.Sebastian(j), S.Tirmizi(k)
项目检查	2017.8.25 ～ 28	4	S.Tirmizi(i)F.Radstake(g),M. Anosan(f)， D.Gavina(j)
项目检查 c	2018.8.14 ～ 18	4	P.Ramachandran(k),M. Anosan(f),M.R.Bezuijen(g), H.Zhiyang(e)

注：a = 经济学家，b = 采购顾问或专家，c = 查控官员，d = 项目官员，e = 社会专家，f = 项目分析师，g= 环境专家，h= 高级顾问，i= 水资源专家，j= 项目助理，k= 项目经理。

5.3 友好务实合作的精神

亚洲开发银行项目组就项目机构、财务、采购、环境、监测、安全保障、弱势群体参与等专题，以提供审批文件、调研考察、会谈交流、研讨协商等形式，为中方项目机构提供了很好的管理建议，对项目进展起到了直接的保障作用。亚行驻北京代表处的采购、支付、财务、社会专家，随时能够解答、努力解决国家和地方项目单位遇到的实际问题。本项目中外双方积极而卓有成效的合作，印证了中国政府与亚洲开发银行长期以来的良好合作关系，为项目目标的实现奠定了基础。

与亚行项目检查组达成一致（甘肃）

6 经验和教训

“西北三省区林业生态发展项目”是全国第一个林草行业牵头打捆实施的亚洲开发银行贷款项目。各级政府部门和项目办高度重视，密切配合，转变观念，创新方法，积累了在欠发达地区利用国际贷款开展林业生态治理恢复的有益经验和教训，使本项目成为中国林草业利用外资贷款项目进程中的一个重要的里程碑。

6.1 经　验

本项目主要安排在陕西、甘肃和新疆的退化土地集中地区，多数项目市县和单位没有实施国际金融组织贷款项目的经验，能取得预期的成效来之不易。这有赖于国家主管部门及亚行的悉心指导和帮助，也得益于项目区各级政府和林农群众的科学实干。项目准备和实施管理中，积累了一些宝贵经验：

（1）坚持服务国家战略和地方重大需求是项目成功的首要条件。亚行项目从酝酿构思、谋划筹备到建设实施，对上始终坚持服务国家经济社会发展战略和林业发展长远规划，瞄准国家重大战略确定的方向、目标和任务，从全局性、战略性的高度进行项目总体谋划，找准项目与国家重大战略的契合点；对下把握地方发展的重大实际需求，紧盯制约地方发展的重大瓶颈发力，精准施策，以点带面，项目收到了事半功倍的效果。西北三省（自治区）是2000年我国确立的西部大

项目被亚行授予最佳表现贷款项目荣誉（中央项目办）

开发战略的重要区域，也是“一带一路”的陆路部分的重要结点。由于历史、自然和人为原因，该地区面临植被退化、土地沙化等问题，生态基础比较脆弱，必须把林草业置于首要地位，保护和恢复好生态环境，维护和巩固可持续发展的生态基础。亚行项目伊始就确定了“转方式、扩资源、育产业、强基础”的设计思路，把调整土地利用方式，培育经济林果和森林旅游产业作为主要抓手，通过转变生产生活方式，保护和恢复了生态环境。事实证明，项目设计思路完全符合西部大开发等国家战略和当地社会发展的实际需要，实现了项目各方的多赢，受到了项目区地方政府和人民群众的欢迎。

（2）坚持以人为本、民生为重是项目成功的根本保证。亚行项目布局主要面向欠发达山区、沙区和西部农村地区的农民和林业工人。林农群众既是项目的参与者，也是项目最大的受益者。项目设计坚持把最大限度实现广大林农群众的利益作为出发点和落脚点，切实保护好、发展好、实现好林农群众的现实利益。一是坚持政府主导与市场经济原则相结合。既充分保证林农群众的主体地位，按照林农意愿和市场前景自主确定项目活动内容，保障林农群众的切身经济利益，又兼顾国家、社会的长远发展需要。在林种选择上，把经济林与生态林结合；在树种选择上，短周期与中长周期结合；在运营管理上，分散经营与统一经营结合。林农群众除了可以通过贷款直接参加项目外，还可以林地、劳动、技术等生产要素间接参与项目，分享项目带来的红利。二是坚持“公开、平等、自愿”原则，采用国际上通行的参与式磋商设计，把“群众满意不满意”作为衡量项目成败的关键，主动邀请群众参与规划、设计、实施项目，充分听取群众意见，保证林农群众的利益主体地位。项目打破了闭门准备项目和专家—官员的传统项目决策模式，开门办项目，全程引入利益相关方参与，集体协商，共同决定项目活动等重大事项，使每个潜在受益人有公平机会参与项目，将诉求体现于项目设计中，切实保障每个项目利害关系人的知情权、参与权、建议权和监督权，增强了项目受益人对项目的认同感和获得感，实现了项目单位与项目受益人利益的和谐统一。

（3）坚持生态生产生活一体谋划，兴林富民稳边同步推进是项目成功的必由之路。项目区是生态脆弱区、贫困集中区和边疆民族聚集区“三区”叠加。生态环境退化、基础设施和土地生产方式落后，制约项目区全面建成小康社会和边疆的长治久安。项目既要着手解决制约当地经济社会发展的生态环境脆弱问题，又要着眼转变当地土地利用方式粗放、产出效率低下的现状，示范建立低干扰、高效率、环境友好的新型生产生活方式，减轻对森林生态系统的压力。项目一方面在重要生态区域集中连片开展生态林建设，改善当地生产生活条件，另一方面，开展高标准经济林建设，新建扩建一批果品冷藏库和森林旅游基础服务设施，加快当地土地生产方式转变和产业经济转型升级。通过转变土地利用方式，坚持退化土地治理与生产方式转变并重、生态恢复保护与产业经营开发同步，把林业生态建设和产业精准脱贫贯穿到建设过程中。经过多年来植树造林，恢复植被，近4.39万公顷退化土地得到有效治理。通过发展特色经济林果，培育生产、加工、物流、仓储、销售全产业链条，当地群众逐步摆脱了对单一粮食经济的依赖，走上了致富奔小康的快速路。“生态得恢复，生产得发展，生活得改善”成为当地群众对亚行项目最真切的感受。

（4）坚持建立稳定高效的组织管理体系是项目成功的重要保障。亚行项目地跨三省（自治区）

53个县（市、区），涉及林草、财政、发改、生态环境等部门，建设主体包括国有林场、企业、专业合作社和林农家庭。主体纷繁多样，内容不尽相同，区域分布广泛，组织协调难度大，对项目执行和实施机构人员能力都提出了很高的要求。要保障项目顺利实施，必须建立起一套从上至下完备的组织管理体系。国家林草局作为项目执行单位，组建了常设的项目管理机构，配备了专门的项目管理人员；项目省（自治区）、县作为项目实施单位也建立了相应的管理机构。事实证明，由中央部门组织有关地方"打捆"实施是一种相对高效的项目组织方式。开展生态治理恢复必须打破行政区划的界限，统筹协同、联动推进，按区域、流域、山系等自然要素实行集中规模化治理，才能达到理想的治理成效。以林草部门"打捆"方式组织生态治理项目，统一管理、分省份实施，有利于调动林草部门和地方政府两方面的积极性，发挥林草部门统一组织、协调各方的优势，充分汇聚起各方面参与实施项目的动能。在提高项目实施成效，节约项目管理成本，扩大项目影响，促进项目经验在更大范围内示范推广等方面，"打捆"都不失为一种比较理想的项目组织管理方式。

6.2 教　训

一是项目准备时间过长。本项目准备期长达5年，准备期、实施期内发生了很多变化，导致不得不进行项目调整。其中，经国际招标确定的国际技术援助公司为本项目提供了两年的技术援助，但提出的项目咨询报告指导性不高，导致部分项目活动错失实施机遇。二是资金和支付管理有待完善。主要表现在部分市县的配套资金到位率低，项目报账速度滞后于工程实施进度。三是项目运行管理的适配性有待加强。国内方面，主要是能力建设和人口素质跟不上项目可持续发展设计的要求；国际方面，亚行在项目实施期间四次更换项目经理，工作连续性影响到项目的执行效率。

6.3 对未来项目的建议

（1）缩短项目准备期。鉴于林业用地不可能长期闲置，建议未来精减项目准备程序，压缩项目审批时间，提高项目准备的效率。例如，可以参考项目实施单位实践，将项目认定与评估合二为一，力争将项目准备期控制在两年以内。

（2）更多依靠执行机构和实施单位准备和实施项目。建议今后亚行项目技术援助能在中方充分参与下进行，将项目执行和实施单位的意见作为选择咨询机构的重要参考。

（3）进一步提高项目管理效率。建议未来亚行项目账务审核及报账在亚行中国代表处完成，提高项目管理和解决问题的效率。同时，建议在项目准备期间落实建立统一、响应良好的监测体系，并落实国家、省监测评价职责、工作计划和费用来源。

关于本项目的经验、问题和教训，见附件6《竣工绩效评价报告》。

7 可复制的良好实践

本项目准备和实施共历时13年。通过引进吸收、交流指导、技术开发、试验和中试，产生很多有地域特色、适应可持续发展要求的管理和技术实践。对相关实践案例进行总结，可供未来外资项目借鉴参考。

7.1 综合生态系统管理

作为本项目指导理念的综合生态系统管理（IEM）是由联合国环境规划署1995年提出的自然资源管理理念，其基本含义是：全面考虑社会、经济、生态的需要和价值，综合运用行政、市场和社会的调整机制，解决资源利用和生态保护问题，实现经济、社会和环境的多元利益，人与自然和谐共处。甘肃省、县项目办将综合生态系统管理思想贯穿于项目全过程，使项目执行既符合总体目标的要求，又符合当地实际。主要做法是：

（1）采取参与式方法进行项目决策。传统的依靠县、乡镇政府和专家的“自上而下”确定项目活动和措施的方法，忽视农民的感受，容易造成当地群众不重视甚至不支持项目活动。甘肃省秦州区采取“自下而上”和“自上而下”结合的方式，主动征求当地种植大户、联合体的意见并让他们全面参与项目决策过程，促成大量土地流转，农户实施项目活动的质量也大幅提高。

（2）开展利益相关方分析。林草部门主导的生态建设涉及多方利益群体，包括与林业生态建设相关的所有政府主管部门，农户、企业等实施主体，以及其他的直接或间接利益群体。分析项目活动涉及的所有利益相关方，才能充分利用项目资源，协调优化项目举措，实现项目目标。

（3）把机构能力建设作为基础工作。省、地（县）项目办围绕项目管理、病虫害防治、经济林栽培知识、生态林管护等核心内容开展多形式、多层次的技术培训，建立示范点，让参训者掌握新技术，推进与国际接轨的项目质量管理、集约经营和技术服务。

（4）切实发挥领导小组的作用。甘肃省、市（州）、县（区）成立的项目协调领导小组均配备了专职人员负责项目协调，定期组织召开领导小组会议，使转贷、提款报账、配套资金等难题得到圆满解决。

总之，综合生态系统管理作为土地资源可持续利用的理念模式，强调部门配合、利益相关方参与和科学可持续发展，是生态治理和恢复的有效指导工具。在此理念的指导下，甘肃省项目领导小组协调为项目建立了专门管理机构，提供了足额的配套资金，项目通过参与磋商不断完善设计，为项目相关方提供了大量参与和受益的机会。项目取得的成就得到了亚行和项目区群众的肯定。

7.2 国有林场现代经营转型

马头滩林业局经营面积 34668 公顷，公益林占经营面积的 99%，森林覆盖率 76.9%。1958 年建立以来，为支援国家建设一直以木材生产为主。长期的木材采伐和单一经营导致资源萎缩，森林蓄积量下降到每公顷 50 立方米左右；1999 年国家全面停止天然林商业采伐，全局木材收入来源断绝，经营陷入困境。2006 年加入亚行贷款项目，探索从木材生产向提供生态服务转型发展，取得明显效果：

（1）转观念变思路。通过参加亚行项目培训，领导班子认识到，森林是具有生态、经济、社会、文化、科教等多种功能的自然资源。国有林场应当在国家和社会的支持参与下，把培育保持健康、高效、多功能的森林生态系统作为根本任务。在项目专家的指导下，结合全局旅游资源丰富的优势，确定了以森林公园康养和科普教育为主导目标的新的经营定位。

（2）提高设施投入力度。马头滩林业局按照“规划引领、项目启动、滚动发展”的建设森林公园的工作思路，得到了亚行贷款项目的鼎力支持。经过三年多的融资建设，使用亚行贷款近 1230 万元、全球环境基金赠款 220 万，加上政府和局内配套，总投入达到 2100 万元，是全局过去 8 年投入的总和。其中，2014 年建成的嘉陵江源客服楼及游客服务中心使用亚行贷款 1230 万元，工程建筑总面积 6724.61 平方米，设标准客房 150 套，有力提升了旅游接待能力。

项目资助建设的马头滩康养设施（陕西亚行办）

（3）制定森林经营方案。森林经营方案是森林经营单位开展现代经营的根本依据。亚行项目之前，马头滩林业局在 20 世纪 80 年代制定的森林经营方案，未反映林场新形势要求。结合亚行项目的理念和经验，马头滩林业局聘请西北农林科技大学在 2018 年制定了新的森林经营方案。新方案以现代森林多功能可持续利用理论为指导，把未来 5 年经营类型、措施落实到山头地块，为开展资源可持续经营利用奠定了基础。

（4）探索生态服务新业态。根据亚行项目设计，聘请中国绿色碳汇基金会专家指导，开展了以森林体验和科普教育为主的生态服务尝试。建设的“森林体验与碳汇教育基地”包括了步道、游廊、瑜伽、森林氧吧等康养设施，吸引了大量周边城市“亚健康”人群；建设的“嘉陵江源科普教育馆”以生物地理、森林应对气候变化、生物多样性保护为主题的实物展示，每年吸引数千名青少年学生前来参观学习。2014 ～ 2018 年，公园门票和客房收入以 15% 的年增长率递增，增幅在 300 万元以上。森林公园发挥的公益作用得到当地政府肯定，给当地林农提供了大量就业机会，拉动了当地旅游服务业的发展。

马头滩林业局的经营成功转型，是落实党中央和国务院《国有林场改革方案》要求、推动国有林场由开发木材资源为主转变为保护森林提供生态服务为主，建立有利于保护和发展森林资源、增强林场自主发展活力新机制的一次华丽转变，也是践行“绿水青山就是金山银山”理念的生动案例。

7.3 矮化密植型苹果栽培

甘肃庆阳、平凉地区地处丘陵沟壑区，以黄绵土为主，位于暖温带半湿润、半干旱季风性气候区，四季分明、光照充足，年日照时间约为 2445 小时、昼夜温差大，海拔平均在 1370 ～ 1600 米之间。在亚行项目林果业发展过程中，通过与中国农科院、西北农林科技大学专家合作，研发推广“矮化密植型”苹果栽培技术代替传统栽培技术，建立标准化示范园，取得良好效果。矮化密植果园技术包括了四个技术要点：

（1）大苗建园。通过大苗建园可以促进早产早丰收。要使矮化密植果园 2 ～ 3 年挂果、3 ～ 4 年丰产，必须栽植 3 年生左右的大苗，经试验示范和典型调查，3 年生自根砧大苗和 3 ～ 4 年生矮化中间砧大苗可以在第 2 年形成产量，不用大苗挂果期和丰产期推迟 1 ～ 2 年。

矮化密植型设施远景（甘肃庆城）

矮化密植型苹果结实（甘肃庆城）

（2）设施栽培。采用高纺锤形树形并加以矮化密植，修剪时不打头或轻打头，立架栽培，避免主干弯曲和长势不均。松木椽立架具有取材容易、架设方便、成本低廉的优点，可以作为首选立架模式，栽植时将松木椽基部用沥青或废机油涂抹，预防过早腐烂，影响使用寿命。

（3）高光效整形修剪技术。高纺锤形及自由纺锤形树形，具有早产早丰、优质高产的特点。庆城县在矮砧密植果园中全部应用高纺锤形树，以轻剪长放多拉多留为主，为早果早丰奠定了良好的基础。

（4）肥水一体化。建立滴灌设施并进行配方施肥；无滴管设施的推广抗旱保墒、起垄覆膜肥水一体化技术，确保长势、成花、结果优良。

与乔化栽植相比，矮化苹果定植后 3 ～ 4 年开始结果，5 ～ 6 年进入盛果期，比同品种的乔化树要早 2 ～ 3 年。2013 年后可增产 20%，3 ～ 5 年收回投资。按上述技术模式，泾川县建成的 3 个矮砧密植苹果园亩产量全部达到 4000 千克以上，优果率均在 85% 左右，平均单产达 2500 千克／亩，每亩收入达 17500 元。

7.4 全项目管理机制

甘肃省通渭县实施亚行贷款项目，领导重视，项目办精心组织，创新方式，多措并举，提出的“全项目管理机制”取得良好管理成效。本项目被县政府命名为“精品工程”，形成的先进经验在全县其他行业的工程管理中得到推广应用，产生良好的社会影响和示范作用。具体是：

（1）落实部门工作责任。成立了由县长任组长，分管副县长任副组长，县发改、林业、财政、国土、农业、水保、环保、审计、监察等单位分管领导为成员的亚行贷款通渭县林业生态发展项目建设协调领导小组；同时，成立了由林业局分管副局长任组长的技术小组，将技术人员按照造林小班分流域划片包干，跟踪负责片区的造林质量和进度。

项目监理单位检查造林（甘肃亚行办）

（2）打破常规承包造林模式，实施法人负责制、合同制、监理制和招投标制。2012 年 3 月，经县政府同意，项目办首次通过采购方式对造林工程进行打包公开招标，最终采用混交模式的 3 家单位中标，开启了规模化、专业化和公司化造林的先河。

（3）严格工程验收管理。县林业局项目办制定了《林业重点工程建设管理办法》，明确了作业设计、工程质量、检查验收、资金兑付、管理管护等要求，并根据"报账制"理念，规定劳务费及苗木费先由施工方垫资，待完成造林时，申请建设单位进行验收。验收时视整地栽植质量、苗木成活率和保存情况，通过县级验收兑付总资金的 40%，通过市级验收后兑付总资金的 60%，通过省级验收后兑付总资金的 80%，第二年度苗木保存率在 80% 以上，根据工程质量等次兑付剩余 20% 的造林资金。

7.5 农户小蚕共育

石泉县是陕西省安康市秦岭南坡的低山丘陵县。2011 年开始的亚行项目是石泉历史上首次实施林业外资项目。项目实施期间大力推广的"小蚕共育"技术，是指由蚕室设备齐全、有相应桑园面积、技术过硬的养蚕户饲养小蚕，在小蚕到达三龄饷食或四龄饷食时分给蚕户饲养大蚕的合作养蚕模式。"小蚕共育"把种植业和养殖业结合起来、小蚕和大蚕分户标准化饲养，节省了人工和技术投入，产生了良好的农户增收效益和生态促进效益。

石泉县开展小蚕共育，首先要求农户做好小蚕室选址，建立配套设施。蚕室应位于无工业及农药污染的地域，坐北朝南，墙壁与地面硬化，光、气、温、湿条件良好。配套设施包括贮桑室、小蚕发放室（区）、晒场、消毒池、蚕匾、塑料薄膜、温度计、加温补湿设备等。其次，建好桑园，年共育 100 张蚕种配备专用桑园 0.13 公顷（2 亩）。第三，按《桑蚕小蚕共育技术规程》做好饲

农户小蚕共育（陕西石泉县）

养管理。第四，加强消毒防病管理，对主要配套设施设备及周围环境进行清理、打扫、消毒清洗。

与一年种 2 季玉米或油菜相比，栽桑养蚕及套种年收入增加 10.3 倍。修枝下来的桑枝做富硒桑枝食用菌、桑园每年投放小鸡还另外增收。石泉亚行项目新建小蚕共育室 1415 平方米和蚕台 889 平方米，新建高标准桑园 560 公顷。增加蚕农蚕茧收入 347.04 万元，为蚕农节省开支 1453.712 万元。

桑树有覆盖、截留降水的作用，使土壤免于雨水溅击和地面径流的冲刷。据测定，1 公顷桑园每年可增加蓄水 375 立方米，吸收尘埃 900 吨。照此估算，新建成的 566 公顷桑园每年可增加蓄水 212250 立方米，生态效益明显。

7.6 电子商务让果农“触网”致富

为解决果农“卖果难”和“好果贱卖”的问题，促进林果种植林向产业化迈进，甘肃省亚行项目通过农户实体店与电商有机结合开展果品营销，实现实体经济与互联网产生叠加效应，提高了农民对现代信息技术的运用能力，加快了农民脱贫步伐。主要做法是：

针对基层项目农户需求开展培训。省、县项目办借鉴沿海发达省份农村发展电子商务的经验，聘请农产品电子商务专家，对项目实施地区的 6 个市（州）进行调研，分析项目区农产品电子商务的发展需求与存在的问题，对参与电商扶贫的相关人群进行了排序分析，对项目参与及受益群体进行了分类，进而针对农技推广人员、果农、果库经营者提出电子商务培训计划并加以实施。

搭建电子商务服务平台发布和交流信息。从服务农户的角度出发，建立了省亚行项目电子商务服务平台。考虑农民的教育程度，平台特别注重操作及应用的简便性。2017 年 12 月正式上线运

在浙江举办电子商务培训班（甘肃亚行办）

营的“陇原 e 农”微信号（后来升级改版为“ADB 甘肃”）除开展产品供销信息服务之外，还发布最新科技成果应用指南，开展问题咨询，提供网上技术培训。

建立管理工作组提供动态服务。为确保电子商务发挥预期作用，省项目办建立了电子商务工作组和专家组，负责电商调研和平台日常维护。专家组根据亚行项目要求，编辑最新科技成果应用电子季刊四期。提供的功能信息服务、宣传咨询和培训资料，提高了农民利用网络拓展销售渠道的能力。

建立示范县。将亚行项目 11 个县列入电子商务进农村综合示范县。静宁县将示范乡镇入网宽带率提高到 80%，实现了村级在线支付服务全覆盖。建立了“农民信息之家”，联通县“苹果网”等营销网站 160 多个，陇原红等果品电子交易市场 10 处。

调查表明，甘肃项目办的电商培训覆盖了甘肃省辖区内受众 90000 多人次；约 20000 人从项目提供的营销和技术服务信息中直接受益，平均每人收入增加 500 元左右。静宁县商务局的统计数据显示，自 2015 年开展电子商务以来，全县苹果销售量以每年 30% 的速度增加。

8 后续运营计划

本项目还款期长达20年，迄今取得的经济、生态、社会效益仍是初步的。竣工后的项目，面临幼林后期管护、设施运行，相关技术、资金和组织的持续投入等多方面的任务。对项目后续运营管理进行适当的规划，对于巩固发展项目建设成果，最终实现项目目标至关重要。

8.1 林分管理

三个项目省（自治区）按照2019年上半年《造林质量调查评价报告》提出的分类施策的原则，保持一类林，提升二类林，挽救转化三类林，提升林分总体质量。

8.1.1 经济林

（1）常规抚育和经营。对于建成果园，做好整形修剪、秋季基肥及春季追肥管理工作；对已挂果果园开展花果管理，培养结果枝组和坐果率。对造林后缺株断行处进行补植，确保造林保存率和补植后成活率，保持果园整齐度。按高效、低毒、低残留的要求和“预防为主，综合防治”的方针，定期进行病虫害监测与防治。

抚育后的樱桃园开始结实（甘肃秦州）

（2）收获和产品营销。发挥当地自然资源和种植条件优势，以市场需求动态为导向，以科技为依托，建设优质林果生产基地和电子营销平台。

（3）果品增值加工。绩效评价专家组估计，本项目经济林产品加工率不到 5%，低于 11% 的全国平均水平，更低于 50% 的发达国家平均水平。结合农业产业结构调整，通过引进龙头企业等开展核桃、酿酒葡萄基地、茶叶等林果产品加工，优化产业结构，延伸产业链，提升产品市场竞争力，推动项目区林果生产向高效规模化产业发展。

8.1.2 生态林

（1）林分和植被抚育。对未成林的幼林和梭梭等灌木，每年进行 1 ～ 2 次抚育，促进林分覆盖和郁闭。对于防风固沙林，除树木根际附近的杂草需铲除外，原则上不需松土、除草。胡杨林郁闭后要进行定干、修枝，定干高度 2 米以上。

（2）林分保护。加强森林防火教育和对进入项目林区人员的管理。从当地社区聘用森林管护员并明确职责，加强对集体所有的生态林的巡查。配备消防设施，充实消防队伍，减少火患和人为活动对建成林分的破坏。

8.2 资产管理

（1）项目采购的各类物资、装备归项目建设单位管理和使用，建立管理台账，落实管理使用责任人。

（2）对项目基础设施资产，要将日常保养维护与修理、改造与更新相结合，实现固定资产保值。

（3）对项目建设的各类灌溉和电力设施、森林公园、教育设施，在工程竣工验收、明确权属责任的基础上，做好运营和使用管理，确保产生预期效益。

8.3 资金筹措和还贷

（1）项目林面积大且地域分散，抚育、收获、营销后续资金需求巨大，建成基础设施的运营也需要一定的资金支持。要在各级政府的支持下，通过自筹、公共财政补贴、项目收入、政策性或商业性贷款等渠道筹措资金开展项目活动，切实维护项目成果，实现“大地增绿、生态增效、农民增收”的目标。

（2）确保按期足额还贷。按照《贷款协定》要求，三省（自治区）财政部门和林草部门统筹配合，通过林果产业、森林公园旅游经营、争取国家补助资金和专项资金等渠道积累还贷资金，按“谁用款、谁受益、谁还款”的原则，按照合同载明的还贷责任还贷。由政府统贷统还的，纳入县财政本级还款计划。

8.4 管理机构责任

项目竣工后，要在各管理层级保留保证项目后续运行的机构和人员。通过发挥各级林草行业管理部门作用、外聘、选调、代办等安排，确保向贷款主体继续提供技术、信息、资金、政策等项目服务和指导，以支持项目后期经营管理工作的开展。

附件 1
项目设计与监测框架表

（截至 2019 年 6 月）

设计总结	绩效指标和目标（基准线）	数据来源和报告机制	执行结果
影响			
改进陕西、甘肃和新疆林地利用，提高收入实现可持续生计	受益农户人均纯收入增加 30%，从 2010 年的 1600 元提高到 2020 年的 2080 元	“十二五”规划报告成果和下一步工作重点； 省和县的年鉴以及报告； 项目效益监测报告	受益农户人均纯收入增加 66.6%，从项目实施前 2010 年的 2436 元，提高到 2019 的 4058 元
	生态敏感区域的保护面积增加 13 万公顷，从 2010 年的 18 万公顷提高到 2020 年的 31 万公顷	同上	项目设计的面积有调整。生态敏感区域的保护面积增加 5.51 万公顷
	农村就业到 2020 年增加 4.8 万个岗位	同上	项目区农村就业岗位到 2019 年增加 9.98 万个
成果			
提高林地生产力，减少陕西、甘肃和新疆的土地退化	三省（自治区）的退化林地面积减少 10%，从 2010 年的 350 万公顷减少到 2016 年的 315 万公顷	“十二五”规划报告成果和未来的方向与重点； 省和县的年鉴以及报告	项目设计的面积有调整。整个项目退化林地面积减少 17.68 万公顷
	陕西省森林覆盖率提高 2%（从 73.5 万公顷到 75 万公顷），甘肃提高 2%（从 68 万公顷增加到 70 万公顷），新疆提高 1%（从 59.4 万公顷到 60 万公顷），实现保护总碳存量增加	省级森林资源监测报告	陕西省项目区的森林覆盖率增加 0.3%，甘肃省项目区的森林覆盖率增加 0.49%，新疆项目区的森林覆盖率增加 0.047%； 三省（自治区）项目累积增加生物量 1453350.1 吨，增加碳储量 683074.5 吨

（续）

设计总结	绩效指标和目标（基准线）	数据来源和报告机制	执行结果
产　出			
1. 将用于经济林开发的一体化生态系统管理法主流化	至 2016 年，在三省（自治区）的退化林地上造林 3.8 万公顷，使用 13 种经济林树种	省和县年鉴和报告； 林业部门的报告； 企业和商业生产基地的财务报表	在三省（自治区）的退化林地上造林 39114 公顷，使用 12 个经济林树种
	至 2016 年，大约 20.7 万家农村家庭和工人从经济林种植和加工中直接受益	同上	约 11.22 万个农村家庭和工人从经济林种植、储藏和加工中直接获益
	至 2016 年，大约 26 家企业（甘肃 9 家，新疆 17 家）实现盈利	同上	共有 4 家企业投入正常运营
	至 2016 年，将果园的碳汇能力提高约 36.86 万吨	省级林业调查规划院报告	果园的碳汇能力提高约 60.84 万吨
2. 将用于生态林开发的一体化生态系统管理法主流化	至 2016 年，甘肃省约 3 万公顷退化林地得以恢复，保护和增加碳储量 6 吨	省和县的年鉴和报告； 省林业部门报告； 省项目管理办和县项目管理办效益监测报告； 国有林场报告和审计报表	截至 2018 年年底，甘肃省 23279.84 公顷退化林地得以恢复，生态林碳储量达到 30.91 万吨
	陕西省至少 7 家国有林场在大约 12.6 万公顷的林地上提高林木覆盖率和密度，至 2016 年，保护和增加碳储量 29.8 吨。	项目效益监测报告	生态林业中心建设有调整。调整后，陕西省略阳县金池院、周至县厚畛子、户县太平森林公园、马头滩林业局、辛家山林业局、汉中南郑县大汉山风景区、周至县厚畛子林场共 7 个国有林场开展森林公园游憩设施、康养项目、森林教育、森林体验建设
	生态林业中心为国有林场提供林业管理和碳交易支持	项目进展报告	原项目内容有调整。陕西省在中国绿色碳汇基金会的支持下，选择厚畛子林场和马头滩林业局两个林场作为试点，制订和实施了《森林体验与碳汇教育建设项目实施方案》
	使用全球环境基金资金恢复甘肃省大约 700 公顷退化陡坡林地	项目进展报告	甘肃使用全球环境基金在严重退化区域的营造生态林 3679 公顷

（续）

设计总结	绩效指标和目标（基准线）	数据来源和报告机制	执行结果
2. 将用于生态林开发的一体化生态系统管理法主流化	在陕西省和甘肃省的大约12家国有林场实施碳汇林业	项目进展报告	在陕西厚畛子林场和马头滩林业局，开展了森林体验与碳汇教育项目
	至2016年，在新疆保护和增加1.1万吨碳存量	项目进展报告	新疆通过营造生态林和经济林新增碳汇10.1万吨
3. 加强项目管理支持，通过一体化生态系统管理对三省（自治区）项目县乡和农户进行林业改革	在每个省和县建立和运行省和县项目管理办	项目报告和监测；效益和影响监测；培训记录和采购记录	项目实施期间，共成立64个省、地、县管理办公室（陕西28个，甘肃26个，新疆9个）
	提升农户和实施机构实施一体化生态系统管理方法的能力，大约20万农户获得一体化生态系统管理培训	三省（自治区）项目竣工总结报告	在项目实施期间，对112213个农户开展关于经济林栽培、科学施肥、修枝、病虫害防治、有机果品生产、产品网上销售、项目管理等一体化实用技术培训。

附件 2
协约条款履行情况表

贷款协定

条约内容	条款条目	履约情况
保障措施约定		
环　境 陕西省政府、甘肃省政府、新疆维吾尔自治区政府应责成项目县确保遵守项目管理手册中列出的承诺，包括：（1）所有项目设施的建造、运行、维护和监控都应严格执行（i）所有相关的环境法律法规和借款人的政策、程序和指导准则；（ii）亚行的保障政策说明；（iii）环境管理计划中规定的环境影响减缓和监测措施。（2）对于其他项目活动，在项目实施期间遵守环境保障措施。（3）项目设施的监测严格按照所有相关的国家和省级环境法律法规和指导准则、亚行的保障政策说明以及其他国家、省和本地法律法规和环境保护、健康、劳动和职业安全标准进行。（4）实施项目管理手册、工作指导准则和项目批准的初始步环境检查和环境管理计划中规定的所有环境减缓和监测措施	附表 1 第 7 段	已执行。省项目办提交了环境监测报告，项目生态环境效益开始显现 新疆项目区在 2014 ～ 2018 年间提交了环境监测报告。在项目建设期内未发生环境破坏现象
陕西省政府、甘肃省政府、新疆维吾尔自治区政府应：（1）以亚行要求的格式和方式更新环境管理计划（在发生任何意外的环境风险和影响的情况下）；（2）以亚行要求的格式和方式更新初始环境检查计划（在项目设计的任何变更造成超出初始环境检查范围的重大环境风险或影响的情况下），并将更新后的初始环境检查计划提交给亚行审批	附表 1 第 8 段	已按亚行要求更新环境管理计划。项目设计的变更未造成超出初始环境检查范围的重大环境风险或影响，新疆的环境监测报告表明项目未出现不利环境影响
陕西省政府、甘肃省政府、新疆自治区政府应在进度报告中包含任何环境监测问题	附表 1 第 9 段	已遵守。省（自治区）项目办在进度报告中包含了环境监测问题

（续）

条约内容	条款条目	履约情况
社会协定		
社会保障措施 陕西省政府、甘肃省政府、新疆维吾尔自治区政府应确保：（1）项目不对任何少数民族产生不利影响；（2）社区协商和披露战略得到有效实施。在新疆的项目受益人方面，新疆维吾尔自治区政府应确保执行机构和亚行批准的少数民族发展计划按照条款规定以及亚行保障政策说明的规定实施。新疆自治区政府应自行并责成项目实施机构确保：（1）项目使目标少数民族受益；（2）所有工程合同都规定必须遵守少数民族发展计划，并把为少数民族提供就业机会作为重点内容；（3）安排足够的人员和资源用于监督和实施少数民族发展计划；（4）聘请亚行接受的独立监测机构监测少数民族发展计划的实施进度和结果，并作为进度计划的一部分向亚行提交社会保障监测报告	附表 2 第 10 段	已遵守。新疆重视并鼓励少数民族参与项目，实施项目中充分考虑了少数民族放入利益，吸纳大量的当地少数民族劳动力参与项目，提高了他们的家庭收入和能力 已遵守。向亚行提交了《新疆社会评估报告》
陕西省政府、甘肃省政府、新疆维吾尔自治区政府应确保项目不会造成亚行保障政策说明中规定的任何土地征用或强制拆迁影响。陕西省政府、甘肃省政府、新疆维吾尔自治区政府应确保项目设计和实施包含了必要措施，以避免强制拆迁，包括：（1）避免将基本农田用于发展林业；（2）通过社区协商机制确保农民自愿参与，农民是项目的直接受益人；(3)向参与项目的农民支付工资并提供劳动投入；(4)灌溉基础设施升级不需要征地；（5）生态林将利用国有林地、山地和边缘的集体土地	附表 1 第 11 段	已遵守。三省（自治区）项目下没有发现土地征用或强制拆迁问题
其他社会方面 陕西省政府、甘肃省政府、新疆维吾尔自治区政府应确保项目下的所有工程合同都结合了相关规定和预算，以确保承包商：（1）遵守借款人的相关劳动法律和相关国际公约义务，不聘用童工；（2）为建筑工棚和施工工地的男女工人提供安全工作条件和分置的供水与卫生设施；（3）男女工人同工同酬	附表 1 第 12 段	已遵守
陕西省政府、甘肃省政府、新疆维吾尔自治区政府应确保：（1）项目下制定的培训计划满足女性的特定需求；（2）积极鼓励女性参与培训；（3）组织论坛，以允许女性讨论她们的培训和能力建设需求	附表 1 第 13 段	已遵守。三省（自治区）政府注意并充分保障女性权利。积极鼓励女性参与项目建设和技能培训。项目区妇联参与项目的准备和实施

（续）

条约内容	条款条目	履约情况
陕西省政府、甘肃省政府、新疆维吾尔自治区政府应：（1）采取所有必要措施鼓励项目区的女性参与项目规划和实施；（2）在项目实施期间，按照项目绩效监测系统要求的监测和评估体系收集性别分类数据（在相关情况下）监测项目对女性的影响	附表 1 第 14 段	已遵守。三省（自治区）项目培训中注重女性优先参与，项目监测体系中包括了女性参与的情况和参与数量的专项监测指标。培训妇女的人次数占总培训人次数的约 50%
陕西省政府、甘肃省政府、新疆维吾尔自治区政府应确保参与项目的农户和乡村在实施项目活动之前以文化上适当、性别上敏感的方式被及时告知项目的利益和潜在的风险	附表 1 第 16 段	已遵守。三省（自治区）项目办在官方网站上开设了项目专栏，向公众免费提供项目管理和活动信息，并且加强网站的建设。各级项目实施单位利用报纸、电视、互联网等媒体广泛宣传项目的重要活动
财务约定		
除亚行另有约定外，借款人应责成陕西省政府、甘肃省政府、新疆维吾尔自治区政府在生效日期后立即在亚行接受的一家商业银行建立一个定额准备金账户。3 个定额准备金账户应按照亚行的贷款支付手册的规定以及借款人和亚行之间达成的详细约定建立、管理、存款和清算。定额准备金账户的货币应为美元。存入每个定额准备金账户的初始金额不应超过以下二者中的较少者：（1）项目实施前 6 个月的支出估算额，或（2）分配给特定项目省的贷款资金的 10%	附表 3 第 5（a）段	已遵守。三省（自治区）项目办均按要求在 2012 年开设了定额准备金账户，并支付项目预付款，其中：甘肃省 200 万美元，陕西省 333.3 万美元，新疆 330 万美元
第 2.09 条：陕西省政府、甘肃省政府、新疆维吾尔自治区政府应自行并且应责成项目县：（1）为项目及其总体运行保持单独的账户；（2）每年由独立审计人员按照一致执行的适当审计标准审计此种账户和相关的财务报表（资产负债表、收支表和相关报表），审计人员的资格、经验和委任范围应符合亚行的要求；（3）在编制完成后（在任何情况下都不迟于相关财年结束后的 6 个月）立即向亚行提交已审计账目和财务报表以及相关审计报告的已验证副本（包括贷款资金使用和遵守贷款协议规定方面的审计意见，以及定额准备金账户 / 支出报表的程序执行方面的单独意见），所有上述文件都应采用英语。陕西省政府、甘肃省政府、新疆维吾尔自治区政府应自行并责成项目县向亚行提交亚行不定期合理要求的上述账目和财务报表及其审计方面的额外信息	第 2 条	已执行

（续）

条约内容	条款条目	履约情况
配套资金和资金流 陕西省政府、甘肃省政府、新疆维吾尔自治区政府应自行并责成项目县确保：（1）及时提供项目所需的所有国内资金；（2）在资金短缺或成本超支的情况下提供额外的配套资金，以确保项目完工	附表 2 第 4 段	已执行
陕西省政府、甘肃省政府、新疆维吾尔自治区政府应自行并责成项目县确保：（1）贷款资金不会用于《亚行保障政策说明（2009）》附录 5 中列出的《亚行禁止投资活动列表》中描述的活动；（2）项目县确保其二级贷款只用于按照相关国家法律法规实施的项目活动	附表 1 第 6 段	已执行。所有项目活动在国家相关法规范围内实施
会计核算 陕西省政府、甘肃省政府、新疆维吾尔自治区政府应自行并责成项目县保持单独的记录和账户，反映通过贷款资金购买的物资和服务、收到的资金、发生的支出以及本地资金的使用。这些账户将按照合理会计原则和国际公认会计标准建立并保持	附表 1 第 20 段	已执行。保持了单独的记录和账户
陕西省政府、甘肃省政府、新疆维吾尔自治区政府应自行并责成项目县确保作为企业的项目二级借款人：（1）按照国际财务报告标准的规定由亚行接受的审计人员审计他们的账目并按照国际财务报告标准编制财务报表，（2）在每个财年末的 3 个月内将财务报表提供给相关项目县的财政局	附表 1 第 21 段	已执行
其他约定		
第 2.03（a）条：在项目实施过程中，陕西省政府、甘肃省政府、新疆维吾尔自治区政府应自行并责成项目县按照亚行接受的条款条件和范围聘请亚行接受的合格而且有能力的顾问和承包商	第 2 条	已执行。承包商的聘请符合亚行的指导准则和程序
第 2.08（a）条：陕西省政府、甘肃省政府、新疆维吾尔自治区政府应自行并责成项目县向亚行提交亚行合理要求的与以下方面有关的所有报告和信息：（1）贷款和贷款资金的支出；（2）物资、工程和咨询服务以及贷款资金支付的其他支出项目；（3）项目；（4）陕西省政府、甘肃省政府、新疆自治区政府与项目运行有关的管理、运作和财务状况；（5）与贷款目的有关的任何其他事宜	第 2 条	已执行
第 2.08（b）条：在不限制上述规定的一般性的前提下，陕西省政府、甘肃省政府、新疆维吾尔自治区政府应向亚行提交项目实施情况以及项目设施的运行和管理的半年度报告。该报告应采用亚行合理要求的格式和合理要求的详细程度在亚行合理要求的时期内提交，而且应说明正在审核的 6 个月时期内遇到的问题和实现的进度、已经采取或建议采取的纠正这些问题的措施以及未来 12 个月内的建议工作计划和预期进度	第 2 条	已执行。每年提交两次半年度进度报告

（续）

条约内容	条款条目	履约情况
第 2.08（c）条：项目实际完工后（但是在任何情况下都不得迟于之后的六个月或者亚行为此目的约定的较迟日期），陕西省政府、甘肃省政府、新疆维吾尔自治区政府应以亚行合理要求的格式和详细程度编制并向亚行提交项目实施和初始运行报告，包括项目成本、陕西省政府、甘肃省政府和新疆维吾尔自治区政府履行项目协定下的义务的情况以及项目目标的实现情况	第 2 条	已执行
实施安排 陕西省政府、甘肃省政府、新疆维吾尔自治区政府应自行并责成项目县确保项目按照《项目管理手册》中的详细安排实施。《项目管理手册》的任何后续变更只有在借款人和亚行批准该变更之后方可生效。如果《项目管理手册》和贷款协定或该项目协议之间出现分歧，应以贷款协定和 / 或项目协议的规定为准	附表 1 第 1 段	已执行
陕西省政府、甘肃省政府、新疆维吾尔自治区政府应确保他们的省领导工作组确保林业机构之间的协调、及时作出项目战略决策并在合理期限内将任何争议提交给上级主管部门	附表 1 第 2 段	已执行。例如，甘肃省政府建立了由林业厅（局）、省发改委、财政厅、省审计部门和省环境部门的代表组成的项目工作领导小组
陕西省政府应确保及时建立生态林业中心，而且生态林业中心在作出有关以下方面的投资和分配决策时遵守《项目管理手册》中规定的要求和标准：（1）生态补偿；（2）碳交易；（3）私营部门参与生态旅游业	附表 1 第 3 段	
陕西省政府、甘肃省政府、新疆维吾尔自治区政府应确保贷款资金在满足以下条件后才转贷给项目县：（1）相关项目县和相关二级借款人已经签署并交付了与此种活动有关的二级贷款协议；（2）此种二级贷款协议包括贷款协议第 3.01（d）条中要求的条件和条款，并且按照其条款规定已生效并且对各方具有约束效力，除非与亚行另有约定	附表 1 第 5 段	已执行。例如，陕西采用省—市—县逐级转贷方式，省直管县直接与省财政厅签署转贷协议，到县区后由项目办和财政局共同监管使用贷款资金，种植户、涉农企业需要经审查审批后转贷
项目网站和沟通措施 在生效日期后的 6 个月内，或者亚行的另外约定期限内，陕西省政府、甘肃省政府、新疆维吾尔自治区政府应分别建立或完善项目网站，允许公众自由访问与他们在项目下的参与有关的各种事宜和活动的信息。网站将包括项目总体信息、项目进度、项目的已审计财务报表汇总、采购合同的跟踪、相关法律和法规以及三省项目工作人员的联络方式，网站应采用中文和英文建立，而且将提供亚行反腐败工作组的链接（http://www.adb.org/integrity/complaint.asp）用于向亚行报告项目和 / 或项目活动产生的任何投诉或涉嫌腐败行为。陕西省政府、甘肃省政府、新疆维吾尔自治区政府应确保所有项目人员都完全知晓亚行的程序，包括但不限于顾问的聘用、支付、报告、监测和防止欺诈和腐败	附表 1 第 15 段	已执行

（续）

条约内容	条款条目	履约情况
陕西省政府、甘肃省政府、新疆维吾尔自治区政府应定期进行随机检查，以确保有关项目的一般信息在项目区域内免费公开（例如，在广播和报纸上）	附表1第17段	已执行
反腐败措施 在项目实施期间，陕西省政府、甘肃省政府、新疆维吾尔自治区政府应确保：（1）亚行反腐败政策得到贯彻执行；（2）定期检查承包商与项目资金支取和结算方面的活动；（3）项目的所有招标文件中都包含亚行反腐败政策的相关规定；（4）亚行资助的与项目有关的所有合同都规定了亚行审计和检查陕西省政府、甘肃省政府、新疆维吾尔自治区政府以及所有与项目有关的承包商、供应商、顾问和其他服务提供商的记录和账目的权利。亚行保留直接或通过代理人调查与项目有关的任何涉嫌腐败、欺诈、串通或其他胁迫行为	附表1第18段	已执行。在项目建设期间，三省（自治区）严格执行亚行和国家反腐败政策和廉政纪律。接受各级监督检查
申诉机制：在工程开始之前 在生效日期后的4个月内，陕西省政府、甘肃省政府、新疆维吾尔自治区政府应自行并责成项目县：（1）按照亚行要求建立或改进申诉处理机制，用于受理和促进受影响的人员与项目环境绩效有关的关切、申诉和投诉的解决；（2）通过宣传活动公布该申诉机制，审核并解决利益相关方与项目有关的申诉、任何服务提供商或负责项目任何方面工作的任何人员的申诉，并积极地建设性的受理这些申诉	附表1第19段	已执行
报告和项目审核 陕西省政府、甘肃省政府、新疆维吾尔自治区政府应自行并责成项目县向执行机构提供有关项目实施和项目设施的运行和管理的半年度和年度报告，由执行机构经过汇总后提交给亚行。此种报告应采用亚行合理要求的形式和详细程度以及在亚行合理要求的期限内提交，而且应说明6个月的审核期内实现的进度和遇到的问题、已经采取或建议采取的纠正这些问题的措施以及未来6个月内和当年的建议工作计划和预期进度	附表1第22段	已执行
陕西省政府、甘肃省政府、新疆维吾尔自治区政府应自行并责成项目县协助借款人和亚行实施项目监督评估，以评估计划内目标的范围、实施、安排、进度和实现情况。在每次走访之前，三省（自治区）政府应分别编写最新的进度报告，陕西省政府、甘肃省政府、新疆维吾尔自治区政府应自行并责成项目县向编写进度报告并将其提交给执行机构。在项目开始后的2年内，陕西省政府、甘肃省政府、新疆维吾尔自治区政府应自行并责成项目县支持执行机构对项目开展全面的期中审核：（1）检查范围、设计、实施安排和其他相关问题；（2）评估项目进度和目标的实现情况；（3）识别问题和局限性；（4）提出任何的必要的修改、重构和重新分配的建议。在项目结束时，陕西省政府、甘肃省政府、新疆维吾尔自治区政府应自行并责成项目县在项目相关部分实际完工后的2个月内向执行机构提交项目完工报告	附表1第23段	已执行

（续）

条约内容	条款条目	履约情况
项目绩效管理系统 陕西省政府、甘肃省政府、新疆维吾尔自治区政府应自行并责成项目县：（1）以亚行接受的格式并按照与亚行约定的项目绩效指标更新能力建设支持的第一阶段下建立的项目绩效管理体系，在生效日期后的 6 个月内持续评估项目影响；（2）检查项目的技术绩效；（3）评估计划内工作的实施情况；（4）评估项目目标的实现情况；（5）量化评价项目的财务和制度影响；（6）向执行机构提交项目半年度绩效管理报告，并由执行机构汇总后提交给亚行；（7）在项目实施和项目绩效管理系统活动期间实施各责任方的计划，包括项目前和项目后数据收集与分析	附表 1 第 24 段	已执行。建立了项目绩效管理体系，收集了基线数据并评估了项目的影响

赠款协定

条约内容	条款条目	履约情况
第 2.05 条：除亚行另有约定外，政府应责成陕西省政府、甘肃省政府和新疆维吾尔自治区政府确保采用全球环境基金赠款购买的所有物资、工程和咨询服务都只用于全球环境基金赠款项目的实施	第 2 条	已执行。物资、相关咨询服务按照批准的采购计划实施
第 2.10 条：政府应责成陕西省政府、甘肃省政府和新疆维吾尔自治区政府：（1）为全球环境基金赠款项目部分保持单独的账户；（2）对该账户和相关财务报表（资产负债表、收支报表和相关报表）进行适当的审计；（3）在编制完成后（在任何情况下都不迟于相关财年结束后的 6 个月）立即向亚行提交上述已审计账目和财务报表以及相关审计报告的已验证副本（包括赠款资金使用和遵守该融资协议规定方面的审计意见，以及定额准备金账户 / 支出报表的程序执行方面的单独意见），所有上述文件都应采用英语。在全球环境基金赠款账户关闭后的 6 个月内，政府应责成陕西省政府、甘肃省政府和新疆维吾尔自治区政府向亚行提交全球环境基金赠款的最终已审计财务报表	第 2 条	已执行。从 2012 年起，每度的审计报告按时提交给亚洲开发银行
定额准备金账户；支出报表 除亚行另有约定外，陕西省政府、甘肃省政府和新疆维吾尔自治区政府应在该融资协议生效日期后分别立即在亚行接受的一家银行建立一个定额准备金账户。3 个定额准备金账户应按照亚行的贷款支付手册的规定以及政府和亚行之间达成的详细约定建立、管理、存款和清算。定额准备金账户的货币应为美元。存入每个定额准备金账户的初始金额应根据项目的全球环境基金赠款部分在未来 6 个月内的实施所需的估算金额确定，但是，此种金额的总额不应超过全球环境基金赠款资金总额的 10%	附表 2 第 4 段	已执行。三省（自治区）为全球环境基金赠款建立了单独的项目账户

（续）

条约内容	条款条目	履约情况
实施安排 政府应自行并且应责成陕西省政府、甘肃省政府和新疆维吾尔自治区政府，确保全球环境基金赠款项目下的工作按照项目管理手册中规定的详细安排实施。项目管理手册的任何后续变更只有在借款人和亚行批准该变更之后方可生效。如果项目管理手册、贷款协议、项目协议或该融资之间出现分歧，应以贷款协定、项目协议和／或该融资协议的规定为准	附表 3 第 1 段	已执行

附件 3
采购计划执行表

陕西省

类别编号	受益实体	合同号	合同内容	采购方式	合同金额（元）	完成情况
3A	各县市项目办	SX-BG-001	设备采购	国内竞争性招标	1083800.00	完成
3A	各县市项目办	SX-BG-002	设备采购	国内竞争性招标	471200.00	完成
3A	各县市项目办	SX-BG-003	设备采购	国内竞争性招标	309600.00	完成
3A	各县市项目办	SX-BG-004	设备采购	国内竞争性招标	332860.00	完成
3A	各县市项目办	SX-BG-005	设备采购	国内竞争性招标	500250.00	完成
1G	略阳金池院林场	HZ-LY-001	森林旅游基础设施	国内竞争性招标	14965965.23	完成
1G	周至县后畛子林场	XA-ZZ-001	森林旅游基础设施	国内竞争性招标	12532716.98	完成
1G	户县太平森林公园	XA-HX-001	森林旅游基础设施	国内竞争性招标	11998749.96	完成
1G	马头滩林业局	BJ-MT-001	森林旅游基础设施	国内竞争性招标	16185083.00	完成
1G	辛家山林业局	BJ-XJ-001	森林旅游基础设施	国内竞争性招标	12859068.43	完成
1G	南郑黎大汉山风景区	HZ-NZ-001	森林旅游基础设施	国内竞争性招标	14979581.10	完成
1C	小金街办	XA-LT-001	造林	询价	662298.00	完成
1C	穆寨街办	XA-LT-002	造林	询价	620824.60	完成
1C	仁宗街办	XA-LT-003	造林	询价	674609.00	完成
1C	小金街办	XA-LT-004	造林	询价	645922.00	完成
1C	穆寨街办	XA-LT-005	造林	询价	556398.70	完成
1C	仁宗街办	XA-LT-006	造林	询价	546402.15	完成
1C	仁宗街办	XA-LT-007	造林	询价	551967.85	完成
1C	小金街办	XA-LT-008	造林	询价	629517.00	完成
1C	穆寨街办	XA-LT-009	造林	询价	531315.55	完成

（续）

类别编号	受益实体	合同号	合同内容	采购方式	合同金额（元）	完成情况
1C	仁宗街办	XA-LT-010	造林	询价	616408.00	完成
1C	小金街办	XA-LT-011	造林	询价	647554.50	完成
1C	穆寨街办	XA-LT-012	造林	询价	572972.25	完成
1C	仁宗街办	XA-LT-013	造林	询价	619366.90	完成
1C	小金街办	XA-LT-014	造林	询价	583628.00	完成
1C	穆寨街办	XA-LT-015	造林	询价	669364.65	完成
1C	仁宗街办	XA-LT-016	造林	询价	560170.35	完成
1C	张村驿镇人民政府	YA-FX-001	造林	询价	440452.27	完成
1C	张村驿镇人民政府	YA-FX-002	造林	询价	671905.62	完成
1C	直罗镇人民政府	YA-FX-003	造林	询价	473788.46	完成
1C	直罗镇人民政府	YA-FX-004	造林	询价	512997.35	完成
1C	直罗镇人民政府	YA-FX-005	造林	询价	476724.81	完成
1C	直罗镇人民政府	YA-FX-006	造林	询价	635114.90	完成
1C	直罗镇人民政府	YA-FX-007	造林	询价	791086.82	完成
1C	张村驿镇人民政府	YA-FX-008	造林	询价	556178.94	完成
1C	张村驿镇人民政府	YA-FX-009	造林	询价	716814.47	完成
1C	张村驿镇人民政府	YA-FX-010	造林	询价	614905.91	完成
1C	张村驿镇人民政府	YA-FX-011	造林	询价	680541.94	完成
1C	张村驿镇人民政府	YA-FX-012	造林	询价	882631.80	完成
1C	张村驿镇人民政府	YA-FX-013	造林	询价	882631.80	完成
1C	张村驿镇人民政府	YA-FX-014	造林	询价	782450.50	完成
1C	张村驿镇人民政府	YA-FX-015	造林	询价	276362.21	完成
1C	茶坊镇人民政府	YA-FX-016	造林	询价	823904.83	完成
1C	茶坊镇人民政府	YA-FX-017	造林	询价	630451.29	完成
1C	茶坊镇人民政府	YA-FX-018	造林	询价	423179.63	完成
1C	茶坊镇人民政府	YA-FX-019	造林	询价	865359.16	完成
1C	茶坊镇人民政府	YA-FX-020	造林	询价	696087.31	完成
1C	照金镇	tc-yz-001	造林	询价	669112.20	完成
1C	照金镇	tc-yz-002	造林	询价	660435.18	完成
1C	照金镇	tc-yz-003	造林	询价	662727.23	完成
1C	关庄镇	tc-yz-004	造林	询价	606604.64	完成

（续）

类别编号	受益实体	合同号	合同内容	采购方式	合同金额（元）	完成情况
1C	瑶曲镇	tc-yz-005	造林	询价	676610.09	完成
1C	瑶曲镇	tc-yz-006	造林	询价	677593.78	完成
1C	小丘镇	tc-yz-007	造林	询价	662346.69	完成
1C	照金镇	tc-yz-008	造林	询价	819572.05	完成
1C	照金镇	tc-yz-009	造林	询价	131321.71	完成
1C	小丘镇	tc-yz-010	造林	询价	413146.94	完成
1C	瑶曲镇	tc-yz-011	造林	询价	535615.50	完成
1C	瑶曲镇	tc-yz-012	造林	询价	513646.58	完成
1C	关庄镇	tc-yz-013	造林	询价	644804.34	完成
1C	关庄镇	tc-yz-014	造林	询价	388063.02	完成
1C	小丘镇	tc-yz-015	造林	询价	652509.86	完成
1C	照金镇	tc-yz-016	造林	询价	508236.32	完成
1C	照金镇	tc-yz-017	造林	询价	473315.57	完成
1C	县功镇谢家崖村	bj-cc-001	造林	询价	653634.50	完成
1C	县功镇严村庵村	bj-cc-002	造林	询价	705256.00	完成
1C	县功镇强家庄村	bj-cc-003	造林	询价	407878.00	完成
1C	县功镇翟家坡村	bj-cc-004	造林	询价	54440.00	完成
1C	县功镇谢家崖村	bj-cc-005	造林	询价	660655.30	完成
1C	县功镇强家庄宋家岭 1 区	bj-cc-006	造林	询价	464848.50	完成
1C	县功镇南关村米家山黑沟	bj-cc-007	造林	询价	678074.80	完成
1C	县功镇三棱山村	bj-cc-008	造林	询价	146939.80	完成
1C	县功镇何家槽村	bj-cc-009	造林	询价	331319.10	完成
1C	县功镇强家庄宋家岭 2 区	bj-cc-010	造林	询价	480209.50	完成
1C	县功镇强家庄村红坡沟	bj-cc-011	造林	询价	556457.20	完成
1C	县功镇南关村豁豁梁南沟	bj-cc-012	造林	询价	731792.10	完成
1C	枣元镇西河村	xys-cwx-001	造林	询价	606250.12	完成
1C	河川口、李家洼村	xys-cwx-002	造林	询价	445916.80	完成
1C	李家洼村	xys-cwx-003	造林	询价	429522.80	完成
1C	枣元镇寨子村	xys-cwx-004	造林	询价	462310.80	完成
1C	牛王村	xys-cwx-005	造林	询价	419686.40	完成

（续）

类别编号	受益实体	合同号	合同内容	采购方式	合同金额（元）	完成情况
1C	镇西河、寨子村、河川口村	xys-cwx-006	造林	询价	342634.60	完成
1C	杏坡、东关村	xys-cwx-007	造林	询价	572150.60	完成
1C	杏坡、七里、沟泉村	xys-cwx-008	造林	询价	624611.40	完成
1C	李家沟、崔吴村	xys-cwx-009	造林	询价	642644.80	完成
1C	马场村	xys-cwx-010	造林	询价	542641.40	完成
1C	赤峪村	xys-cwx-011	造林	询价	590184.00	完成
1C	赤屿村，谢家坡村	xys-cwx-012	造林	询价	618053.80	完成
1C	朱位、支村	xys-cwx-013	造林	询价	467229.00	完成
1C	新加坡村	xys-cwx-014	造林	询价	550838.40	完成
1C	新加坡、谢家坡村	xys-cwx-015	造林	询价	460999.28	完成
1C	新加坡村	xys-cwx-016	造林	询价	560674.80	完成
1C	谢家坡村	xys-cwx-017	造林	询价	422965.20	完成
1C	谢家坡村	xys-cwx-018	造林	询价	332798.20	完成
1C	韩党、西王村	xys-cwx-019	造林	询价	355749.80	完成
1C	马家、常家村	xys-cwx-020	造林	询价	431162.20	完成
1C	马家、常家村	xys-cwx-021	造林	询价	472147.20	完成
1C	常家村	xys-cwx-022	造林	询价	534444.40	完成
1C	秦河（中心）桃渠塬	xy-ch-001	造林	询价	532050.92	完成
1C	秦河（中心）潘家坳村	xy-ch-002	造林	询价	788954.08	完成
1C	城关镇耀贤村，崔家塬	xy-ch-003	造林	询价	608745.65	完成
1C	固贤镇郭丁村，北沿渠村，丁村	xy-ch-004	造林	询价	600504.52	完成
1C	秦河（中心）桃渠塬村	xy-ch-005	造林	询价	232046.78	完成
1C	铁王镇红崖村，南塬村，西咀村	xy-ch-006	造林	询价	729289.88	完成
1C	车坞镇龙虎村，南胡桐村	xy-ch-007	造林	询价	801218.38	完成
1C	秦庄（中心）林庄村	xy-ch-008	造林	询价	513816.62	完成
1C	城关镇安南村，耀贤村	xy-ch-009	造林	询价	312271.67	完成
1C	城关镇崔家塬村	xy-ch-010	造林	询价	737407.02	完成
1C	城关镇崔家塬村	xy-ch-011	造林	询价	807872.29	完成
1C	城关镇崔家塬村	xy-ch-012	造林	询价	735256.80	完成
1C	石桥镇刘家硷村	xy-ch-013	造林	询价	102848.57	完成

（续）

类别编号	受益实体	合同号	合同内容	采购方式	合同金额（元）	完成情况
1C	方里镇桐树渠，汉寨村，宁塬村	xy-ch-014	造林	询价	1127741.91	完成
1C	石桥镇鱼车，刘家硷村，引安	xy-ch-015	造林	询价	789286.73	完成
1C	固贤镇郭丁村	xy-ch-016	造林	询价	328178.87	完成
1C	城关镇崔家塬村	xy-ch-017	造林	询价	76243.57	完成
1C	秦河（中心）安子哇村	xy-ch-018	造林	询价	929840.21	完成
1C	秦河（中心）周山村，桃渠塬村	xy-ch-019	造林	询价	769045.28	完成
1C	秦河（中心）东塬村，潘家坳村	xy-ch-020	造林	询价	1090780.25	完成
1C	御驾宫镇	XY-YS-001	造林	询价	496410.12	完成
1C	御驾宫镇	XY-YS-002	造林	询价	288534.40	完成
1C	御驾宫镇	XY-YS-003	造林	询价	252467.80	完成
1C	店头镇	XY-YS-004	造林	询价	455753.20	完成
1C	店头镇	XY-YS-005	造林	询价	216400.80	完成
1C	永太镇	XY-YS-006	造林	询价	151480.56	完成
1C	永太镇	XY-YS-007	造林	询价	134430.80	完成
1C	御驾宫镇	XY-YS-008	造林	询价	549526.88	完成
1C	御驾宫镇	XY-YS-009	造林	询价	641005.40	完成
1C	御驾宫镇	XY-YS-010	造林	询价	395095.40	完成
1C	御驾宫镇	XY-YS-011	造林	询价	673793.40	完成
1C	御驾宫镇	XY-YS-012	造林	询价	401653.00	完成
1C	店头镇	XY-YS-013	造林	询价	186891.60	完成
1C	渠子镇	XY-YS-014	造林	询价	368864.20	完成
1C	渠子镇	XY-YS-015	造林	询价	421325.80	完成
1C	永太镇	XY-YS-016	造林	询价	204269.24	完成
1C	永太镇	XY-YS-017	造林	询价	137709.60	完成
1C	梁山镇（山峰村、三合村）	xy_qx_001	造林	询价	182269.62	完成
1C	阳峪真（阳峪村）	xy_qx_002	造林	询价	517563.48	完成
1C	漠西社区（吴村）	xy_qx_003	造林	询价	546479.39	完成
1C	漠西社区（北塄、吴村）	xy_qx_004	造林	询价	736831.73	完成
1C	阳峪镇（靠山、新店）	xy_qx_005	造林	询价	589650.81	完成
1C	梁山镇（坊里、林沟、官地、转弯）	xy_qx_006	造林	询价	794661.42	完成

（续）

类别编号	受益实体	合同号	合同内容	采购方式	合同金额（元）	完成情况
1C	梁山镇（三合）	xy_qx_007	造林	询价	76866.70	完成
1C	漠西社区（南北、大桥、北埚村）	xy_qx_008	造林	询价	599986.38	完成
1C	漠西社区（白村）	xy_qx_009	造林	询价	457381.68	完成
1C	峰阳镇（三王村）	xy_qx_010	造林	询价	302848.20	完成
1C	临平镇（寒寨村）	xy_qx_011	造林	询价	666562.95	完成
1C	临平镇（寒寨村）	xy_qx_012	造林	询价	388787.15	完成
1C	梁山镇（邵山、枣树渠村）	xy_qx_013	造林	询价	664153.48	完成
1C	梁山镇（铁王村）	xy_qx_014	造林	询价	482796.58	完成
1C	阳峪镇（任家洼、前进、南北、铁佛村）	xy_qx_015	造林	询价	783588.64	完成
1C	阳峪镇（田家坳、陈家洼、胡家村）	xy_qx_016	造林	询价	354844.29	完成
1C	峰阳镇（孙家村）	xy_qx_017	造林	询价	53171.43	完成
1C	临平镇（枣林、高家、段家、邵剡、三秦村）	xy_qx_018	造林	询价	487655.74	完成
1C	石牛（羊毛湾）	xy_qx_019	造林	询价	39755.87	完成
1C	姜村（双羊）	xy_qx_020	造林	询价	195507.26	完成
1C	新阳镇（三合村）	xy_qx_021	造林	询价	534605.78	完成
1C	城关镇（石马、别人、百福村）	xy_qx_022	造林	询价	149043.61	完成
1C	注泔（胡罗村）	xy_qx_023	造林	询价	93418.11	完成
1C	石潭（上石）	XY-LQ-001	造林	询价	353100.53	完成
1C	南坊（东里）	XY-LQ-002	造林	询价	156141.70	完成
1C	烟霞（东页沟）	XY-LQ-003	造林	询价	525676.23	完成
1C	烽火（兴隆、垣上）	XY-LQ-004	造林	询价	477408.37	完成
1C	阡东（力士、便子、陈韩）	XY-LQ-005	造林	询价	525435.99	完成
1C	阡东（王家）	XY-LQ-006	造林	询价	311753.05	完成
1C	阡东（崔家）	XY-LQ-007	造林	询价	387947.61	完成
1C	阡东（临泾）	XY-LQ-008	造林	询价	260498.73	完成
1C	阡东（吴家）	XY-LQ-009	造林	询价	439941.68	完成
1C	叱干（老鸦岭）	XY-LQ-010	造林	询价	112759.49	完成
1C	南坊（东桥、南牌）	XY-LQ-011	造林	询价	493943.65	完成
1C	昭陵（宁家、凉西）	XY-LQ-012	造林	询价	447022.17	完成

（续）

类别编号	受益实体	合同号	合同内容	采购方式	合同金额（元）	完成情况
1C	石潭（夏侯、石潭）	XY-LQ-013	造林	询价	421236.00	完成
1C	石潭（南其、罗家）	XY-LQ-014	造林	询价	415139.09	完成
1C	石潭（刀东）	XY-LQ-015	造林	询价	358788.14	完成
1C	石潭（刀西、上石）	XY-LQ-016	造林	询价	527826.29	完成
1C	石潭（上石）	XY-LQ-017	造林	询价	477140.50	完成
1C	烽火（跃马、范寨、王家、小应、小屯）	XY-LQ-018	造林	询价	287069.63	完成
1C	南坊（郑家岭、大牌）	XY-LQ-019	造林	询价	288443.51	完成
1C	昭陵（上菜园）	XY-LQ-020	造林	询价	153153.55	完成
1C	烟霞（陵光）	XY-LQ-021	造林	询价	112246.23	完成
1C	西张堡（土东）	XY-LQ-022	造林	询价	62327.86	完成
1C	嵯峨镇官庄村	SX-SYX-CEZGZC-NO-001	造林	询价	752701.46	完成
1C	嵯峨镇官庄村	SX-SYX-CEZGZC-NO-002	造林	询价	394096.99	完成
1C	嵯峨镇官庄村	SX-SYX-CEZGZC-NO-003	造林	询价	511828.33	完成
1C	嵯峨镇河西村	SX-SYX-CEZHXC-NO-004	造林	询价	281992.52	完成
1C	嵯峨镇河西村	SX-SYX-CEZHXC-NO-005	造林	询价	244552.23	完成
1C	嵯峨镇河西村	SX-SYX-CEZHXC-NO-006	造林	询价	403402.96	完成
1C	嵯峨镇寨子村	SX-SYX-CEZZZC-NO-007	造林	询价	44798.51	完成
1C	嵯峨镇赵家村	SX-SYX-CEZZJC-NO-008 至 009	造林	询价	1139007.40	完成
1C	嵯峨镇岳村	SX-SYX-CEZYC-NO-010	造林	询价	223126.85	完成
1C	嵯峨镇寨子村	SX-SYX-CEZZZC-NO-011 至 012	造林	询价	1026902.90	完成
1C	嵯峨镇大盘村	SX-SYX-CEZDPC-NO-013 至 014	造林	询价	1042052.20	完成
1C	嵯峨镇大盘村	SX-SYX-CEZDPC-NO-015 至 016	造林	询价	837104.40	完成
1C	嵯峨镇大盘村	SX-SYX-CEZDPC-NO-017 至 018	造林	询价	842298.50	完成
1C	嵯峨镇三联村界河	SX-SYX-CEZSLC-NO-019	造林	询价	323112.10	完成
1C	嵯峨镇杜寨	SX-SYX-CEZSLC-NO-020	造林	询价	1098537.30	完成
1C	嵯峨镇杨杜	SX-SYX-CEZYDC-NO-021	造林	询价	635403.25	完成
1C	嵯峨镇屈家堡	SX-SYX-CEZQJC-NO-022	造林	询价	926052.63	完成
1C	嵯峨镇赵家庄	SX-SYX-CEZZJC-NO-023	造林	询价	649254.26	完成
1C	嵯峨镇赵家庄	SX-SYX-CEZZJC-NO-024	造林	询价	551433.06	完成

（续）

类别编号	受益实体	合同号	合同内容	采购方式	合同金额（元）	完成情况
1C	嵯峨镇岳家坡	SX-SYX-CEZYC-NO-025	造林	询价	495597.22	完成
1C	嵯峨镇北坝	SX-SYX-CEZDPC-NO-026	造林	询价	367044.93	完成
1C	临渭区大王乡	WN-LWQ-001	造林	询价	706088.31	完成
1C	临渭区大王乡	WN-LWQ-002	造林	询价	395542.22	完成
1C	临渭区大王乡	WN-LWQ-003	造林	询价	759091.86	完成
1C	临渭区大王乡	WN-LWQ-004	造林	询价	803078.91	完成
1C	临渭区大王乡	WN-LWQ-005	造林	询价	625953.87	完成
1C	临渭区阳郭镇	WN-LWQ-006	造林	询价	728273.27	完成
1C	临渭区阳郭镇	WN-LWQ-007	造林	询价	670664.86	完成
1C	临渭区阳郭镇	WN-LWQ-008	造林	询价	505148.30	完成
1C	临渭区桥南镇	WN-LWQ-009	造林	询价	558887.88	完成
1C	临渭区桥南镇	WN-LWQ-010	造林	询价	838351.32	完成
1C	临渭区桥南镇	WN-LWQ-011	造林	询价	496550.68	完成
1C	临渭区大王乡	WN-LWQ-012	造林	询价	696459.70	完成
1C	临渭区大王乡	WN-LWQ-013	造林	询价	772125.30	完成
1C	临渭区大王乡	WN-LWQ-014	造林	询价	812106.50	完成
1C	临渭区桥南镇	WN-LWQ-015	造林	询价	795340.26	完成
1C	临渭区大王乡	WN-LWQ-016	造林	询价	614776.37	完成
1C	临渭区大王乡	WN-LWQ-017	造林	询价	767395.51	完成
1C	临渭区大王乡	WN-LWQ-018	造林	询价	421745.05	完成
1C	临渭区大王乡	WN-LWQ-019	造林	询价	736871.88	完成
1C	庄里镇	WN-FP-01	造林	询价	597695.59	完成
1C	庄里镇	WN-FP-02	造林	询价	358453.33	完成
1C	庄里镇	WN-FP-03	造林	询价	414568.93	完成
1C	庄里镇	WN-FP-04	造林	询价	546680.50	完成
1C	梅家坪镇	WN-FP-05	造林	询价	568431.30	完成
1C	梅家坪镇	WN-FP-06	造林	询价	404972.18	完成
1C	梅家坪镇	WN-FP-07	造林	询价	616510.10	完成
1C	庄里镇	WN-FP-08	造林	询价	563154.20	完成
1C	庄里镇	WN-FP-09	造林	询价	557473.70	完成
1C	庄里镇	WN-FP-10	造林	询价	617367.50	完成

（续）

类别编号	受益实体	合同号	合同内容	采购方式	合同金额（元）	完成情况
1C	庄里镇	WN-FP-11	造林	询价	662504.19	完成
1C	交道镇人民政府	wn-cc-001	造林	询价	292233.00	完成
1C	交道镇人民政府	wn-cc-002	造林	询价	258100.00	完成
1C	交道镇人民政府	wn-cc-003	造林	询价	263559.00	完成
1C	尧头镇人民政府	wn-cc-004	造林	询价	165011.00	完成
1C	尧头镇人民政府	wn-cc-005	造林	询价	167335.00	完成
1C	尧头镇人民政府	wn-cc-006	造林	询价	172077.00	完成
1C	尧头镇人民政府	wn-cc-007	造林	询价	120174.00	完成
1C	庄头镇人民政府	wn-cc-008	造林	询价	77601.00	完成
1C	庄头镇人民政府	wn-cc-009	造林	询价	132141.00	完成
1C	庄头镇人民政府	wn-cc-010	造林	询价	109930.00	完成
1C	庄头镇人民政府	wn-cc-011	造林	询价	143801.00	完成
1C	庄头镇人民政府	wn-cc-012	造林	询价	97004.00	完成
1C	交道镇人民政府	wn-cc-013	造林	询价	394249.00	完成
1C	交道镇人民政府	wn-cc-014	造林	询价	258866.00	完成
1C	交道镇人民政府	wn-cc-015	造林	询价	271478.00	完成
1C	尧头镇人民政府	wn-cc-016	造林	询价	159531.00	完成
1C	尧头镇人民政府	wn-cc-017	造林	询价	123138.00	完成
1C	尧头镇人民政府	wn-cc-018	造林	询价	115243.00	完成
1C	尧头镇人民政府	wn-cc-019	造林	询价	179202.00	完成
1C	尧头镇人民政府	wn-cc-020	造林	询价	207265.00	完成
1C	尧头镇人民政府	wn-cc-021	造林	询价	332610.00	完成
1C	尧头镇人民政府	wn-cc-022	造林	询价	284119.00	完成
1C	尧头镇人民政府	wn-cc-023	造林	询价	132598.00	完成
1C	尧头镇人民政府	wn-cc-024	造林	询价	168023.00	完成
1C	尧头镇人民政府	wn-cc-025	造林	询价	77067.00	完成
1C	庄头镇人民政府	wn-cc-026	造林	询价	391298.00	完成
1C	庄头镇人民政府	wn-cc-027	造林	询价	142656.00	完成
1C	庄头镇人民政府	wn-cc-028	造林	询价	118040.00	完成
1C	庄头镇人民政府	wn-cc-029	造林	询价	209999.00	完成
1C	庄头镇人民政府	wn-cc-030	造林	询价	247356.00	完成

（续）

类别编号	受益实体	合同号	合同内容	采购方式	合同金额（元）	完成情况
1C	庄头镇人民政府	wn-cc-031	造林	询价	100019.00	完成
1C	高阳镇	WN-PC-001	造林	询价	137185.14	完成
1C	桥陵镇	WN-PC-002	造林	询价	688266.10	完成
1C	罕井镇	WN-PC-003	造林	询价	657274.67	完成
1C	罕井镇	WN-PC-004	造林	询价	514074.09	完成
1C	永丰镇	WN-PC-005	造林	询价	524768.60	完成
1C	永丰镇	WN-PC-006	造林	询价	553010.99	完成
1C	永丰镇	WN-PC-007	造林	询价	485451.70	完成
1C	洛滨镇	WN-PC-008	造林	询价	546065.00	完成
1C	洛滨镇	WN-PC-009	造林	询价	546065.00	完成
1C	洛滨镇	WN-PC-010	造林	询价	546065.00	完成
1C	桥陵镇	WN-PC-011	造林	询价	561623.71	完成
1C	桥陵镇	WN-PC-012	造林	询价	229350.00	完成
1C	上王镇	WN-PC-013	造林	询价	438720.00	完成
1C	上王镇	WN-PC-014	造林	询价	438720.00	完成
1C	上王镇	WN-PC-015	造林	询价	438720.00	完成
1C	永丰镇	WN-PC-016	造林	询价	581304.00	完成
1C	永丰镇	WN-PC-017	造林	询价	505168.00	完成
1C	永丰镇	WN-PC-018	造林	询价	559368.00	完成
1C	史官镇	WN-BS-001	造林	询价	393414.00	完成
1C	史官镇	WN-BS-002	造林	询价	393414.00	完成
1C	却寨村	WN-BS-003	造林	询价	192117.00	完成
1C	鹿角村	WN-BS-004	造林	询价	140973.00	完成
1C	北塬村	WN-BS-005	造林	询价	68847.00	完成
1C	坧坪村	WN-BS-006	造林	询价	98354.00	完成
1C	车家塬	WN-BS-007	造林	询价	180970.00	完成
1C	高山村	WN-BS-008	造林	询价	81961.00	完成
1C	李家塬	WN-BS-009	造林	询价	134416.00	完成
1C	北盖村	WN-BS-010	造林	询价	331451.00	完成
1C	溪家河	WN-BS-011	造林	询价	170479.00	完成
1C	马家河	WN-BS-012	造林	询价	122942.00	完成

（续）

类别编号	受益实体	合同号	合同内容	采购方式	合同金额（元）	完成情况
1C	五峰村	WN-BS-013	造林	询价	475375.00	完成
1C	支肥村 1	WN-BS-014	造林	询价	558975.50	完成
1C	支肥村 2	WN-BS-015	造林	询价	558975.50	完成
1C	支肥村 3	WN-BS-016	造林	询价	563893.00	完成
1C	车庄村	WN-BS-017	造林	询价	577007.00	完成
1C	阿东村 1	WN-BS-018	造林	询价	403249.00	完成
1C	阿东村 2-1	WN-BS-019	造林	询价	350794.00	完成
1C	阿东村	WN-BS-020	造林	询价	350794.00	完成
1C	阿东村	WN-BS-021	造林	询价	52455.00	完成
1C	富妥村	WN-BS-022	造林	询价	198346.00	完成
1C	水苏村	WN-BS-023	造林	询价	134416.00	完成
1C	放马村	WN-BS-024	造林	询价	230147.00	完成
1C	门公村	WN-BS-025	造林	询价	108189.00	完成
1C	太香村	WN-BS-026	造林	询价	35407.00	完成
1C	孟家塬	WN-BS-027	造林	询价	139334.00	完成
1C	新卓村	WN-BS-028	造林	询价	424122.00	完成
1C	新卓村	WN-BS-029	造林	询价	424122.00	完成
1C	新卓村	WN-BS-030	造林	询价	424122.00	完成
1C	许道村	WN-BS-031	造林	询价	308830.00	完成
1C	北塔村	WN-BS-032	造林	询价	104910.00	完成
1C	白石河	WN-BS-033	造林	询价	229492.00	完成
1C	山岔村	WN-BS-034	造林	询价	108189.00	完成
1C	冯家山	WN-BS-035	造林	询价	108189.00	完成
1C	许家河	WN-BS-036	造林	询价	142285.00	完成
1C	林皋村	WN-BS-037	造林	询价	173430.00	完成
1C	张王庄	WN-BS-038	造林	询价	218673.00	完成
1C	雷村乡	WN-BS-039	造林	询价	388988.00	完成
1C	雷村乡	WN-BS-040	造林	询价	388988.00	完成
1C	太要镇	WN-TG-001	造林	询价	579329.00	完成
1C	太要镇	WN-TG-002	造林	询价	537856.00	完成
1C	太要镇	WN-TG-003	造林	询价	610484.00	完成

（续）

类别编号	受益实体	合同号	合同内容	采购方式	合同金额（元）	完成情况
1C	桐峪镇	WN-TG-004	造林	询价	624711.00	完成
1C	桐峪镇	WN-TG-005	造林	询价	520622.00	完成
1C	桐峪镇	WN-TG-006	造林	询价	661776.00	完成
1C	桐峪镇	WN-TG-007	造林	询价	340099.00	完成
1C	代字营镇	WN-TG-008	造林	询价	594800.00	完成
1C	代字营镇	WN-TG-009	造林	询价	612701.00	完成
1C	代字营镇	WN-TG-010	造林	询价	599781.00	完成
1C	代字营镇	WN-TG-011	造林	询价	556503.00	完成
1C	代字营镇	WN-TG-012	造林	询价	374223.00	完成
1C	代字营镇	WN-TG-013	造林	询价	480587.00	完成
1C	城关镇	WN-TG-014	造林	询价	470634.00	完成
1C	秦东镇	WN-TG-015	造林	询价	443728.00	完成
1C	秦东镇	WN-TG-016	造林	询价	352136.00	完成
1C	安乐镇	WN-TG-017	造林	询价	564987.00	完成
1C	安乐镇	WN-TG-018	造林	询价	388746.00	完成
1C	安乐镇	WN-TG-019	造林	询价	389476.00	完成
1C	宁强县羌良核桃生态专业合作社	HZ-NQ-001	造林	询价	610172.00	完成
1C	宁强县玉带兴林有限责任公司	HZ-NQ-002	造林	询价	633146.00	完成
1C	宁强森源林业开发有限公司	HZ-NQ-003	造林	询价	691606.00	完成
1C	宁强森源林业开发有限公司	HZ-NQ-004	造林	询价	474737.00	完成
1C	宁强县汉源开勇苗圃	HZ-NQ-005	造林	询价	350454.00	完成
1C	宁强县汉源育明苗圃	HZ-NQ-006	造林	询价	478221.00	完成
1C	宁强森源林业开发有限公司	HZ-NQ-007	造林	询价	571790.00	完成
1C	宁强县羌良核桃生态专业合作社	HZ-NQ-008	造林	询价	448322.00	完成
1C	宁强县汉源育明苗圃	HZ-NQ-009	造林	询价	575713.00	完成
1C	宁强县汉源开勇苗圃	HZ-NQ-010	造林	询价	490216.00	完成
1C	宁强县玉带兴林有限责任公司	HZ-NQ-011	造林	询价	436221.00	完成
1C	宁强县汉源开勇苗圃	HZ-NQ-012	造林	询价	435477.00	完成

（续）

类别编号	受益实体	合同号	合同内容	采购方式	合同金额（元）	完成情况
1C	宁强森源林业开发有限公司	HZ-NQ-013	造林	询价	582482.00	完成
1C	宁强县汉源开勇苗圃	HZ-NQ-014	造林	询价	437636.00	完成
1C	宁强森源林业开发有限公司	HZ-NQ-015	造林	询价	604927.00	完成
1C	宁强县汉源育明苗圃	HZ-NQ-016	造林	询价	505942.00	完成
1C	宁强县羌良核桃生态专业合作社	HZ-NQ-017	造林	询价	501557.00	完成
1C	宁强森源林业开发有限公司	HZ-NQ-018	造林	询价	449928.00	完成
1C	宁强县玉带兴林有限责任公司	HZ-NQ-019	造林	询价	394583.00	完成
1C	臻僔马泥茶叶合作社	AK-HB-001	造林	询价	95100.15	完成
1C	汉田亚农业开发公司	AK-HB-002	造林	询价	305679.06	完成
1C	金正茶叶公司	AK-HB-003	造林	询价	232655.73	完成
1C	周林生态农业公司	AK-HB-004	造林	询价	305679.06	完成
1C	承英生态农业开发有限公司	AK-HB-005	造林	询价	254732.55	完成
1C	瀛湖绿色农业有限公司	AK-HB-006	造林	询价	169821.70	完成
1C	汉岚农业综合开发有限公司	AK-HB-007	造林	询价	288696.89	完成
1C	城关镇春光村林果专业合作社	AK-LG-001	造林	询价	492252.02	完成
1C	城关镇保卫村林果专业合作社	AK-LG-002	造林	询价	386599.13	完成
1C	城关镇东风村林果专业合作社	AK-LG-003	造林	询价	494197.24	完成
1C	城关镇东风村林果专业合作社	AK-LG-004	造林	询价	587071.21	完成
1C	城关镇茅坪村林果专业合作社	AK-LG-005	造林	询价	330414.40	完成
1C	石门镇新仓村林果专业协会	AK-LG-006	造林	询价	622196.80	完成
1C	石门镇庄房村林果专业协会	AK-LG-007	造林	询价	524225.20	完成
1C	石门镇庄房村林果专业协会	AK-LG-008	造林	询价	230848.80	完成
1C	石门镇红岩村林果专业协会	AK-LG-009	造林	询价	432804.00	完成
1C	石门镇双村村林果专业协会	AK-LG-010	造林	询价	553908.80	完成
1C	石门镇双村村林果专业协会	AK-LG-011	造林	询价	173581.20	完成

（续）

类别编号	受益实体	合同号	合同内容	采购方式	合同金额（元）	完成情况
1C	官元镇龙板营村核桃产业协会	AK-LG-012	造林	询价	406535.10	完成
1C	官元镇龙板营村核桃产业协会	AK-LG-013	造林	询价	371096.80	完成
1C	官元镇古家村核桃产业协会	AK-LG-014	造林	询价	518764.90	完成
1C	官元镇古家村核桃产业协会	AK-LG-015	造林	询价	241172.90	完成
1C	官元镇二郎村核桃产业协会	AK-LG-016	造林	询价	324509.50	完成
1C	官元镇二郎村核桃产业协会	AK-LG-017	造林	询价	506605.10	完成
1C	官元镇山河村核桃产业协会	AK-LG-018	造林	询价	374729.70	完成
1C	官元镇山河村核桃产业协会	AK-LG-019	造林	询价	371767.30	完成
1C	官元镇山河村核桃产业协会	AK-LG-020	造林	询价	461018.70	完成
1C	官元镇北坪村核桃产业协会	AK-LG-021	造林	询价	452147.20	完成
1C	官元镇团兴村核桃产业协会	AK-LG-022	造林	询价	355624.00	完成
1C	官元镇团兴村核桃产业协会	AK-LG-023	造林	询价	461330.00	完成
1C	迎丰镇政府	AK-SQ-001	造林	询价	478132.00	完成
1C	迎丰镇政府	AK-SQ-002	造林	询价	251106.00	完成
1C	中池镇政府	AK-SQ-003	造林	询价	507503.00	完成
1C	中池镇政府	AK-SQ-004	造林	询价	452143.00	完成
1C	中池镇政府	AK-SQ-005	造林	询价	175200.00	完成
1C	云雾山镇政府	AK-SQ-006	造林	询价	467565.00	完成
1C	池河镇政府	AK-SQ-007	造林	询价	539547.13	完成
1C	池河镇政府	AK-SQ-008	造林	询价	384361.00	完成
1C	池河镇政府	AK-SQ-009	造林	询价	70125.00	完成
1C	迎丰镇政府	AK-SQ-010	造林	询价	274379.00	完成
1C	迎丰镇政府	AK-SQ-011	造林	询价	585469.00	完成
1C	中池镇政府	AK-SQ-012	造林	询价	707344.00	完成
1C	中池镇政府	AK-SQ-013	造林	询价	335626.00	完成
1C	中池镇政府	AK-SQ-014	造林	询价	116740.00	完成
1C	迎丰镇政府	AK-SQ-015	造林	询价	155943.00	完成

（续）

类别编号	受益实体	合同号	合同内容	采购方式	合同金额（元）	完成情况
1C	牛头店镇国庆村卧牛池 1 小班	ak-zp-001	造林	询价	490187.02	完成
1C	曾家镇光华村放牛场 1 小班	ak-zp-002	造林	询价	408605.84	完成
1C	曾家镇向阳村老茶厂 1 小班	ak-zp-003	造林	询价	477909.85	完成
1C	牛头店镇国庆村 2、3、4 小班	ak-zp-004	造林	询价	571467.97	完成
1C	城关镇白家乡白坪村	ak-zp-005	造林	询价	486360.10	完成
1C	城关镇白家乡茶店村	ak-zp-006	造林	询价	398745.10	完成
1C	城关镇白家乡平宝村	ak-zp-007	造林	询价	262445.00	完成
1C	城关镇白家乡七坪村	ak-zp-008	造林	询价	327965.00	完成
1C	城关镇白家乡青坪村	ak-zp-009	造林	询价	546125.10	完成
1C	城关镇白家乡青坪村	ak-zp-010	造林	询价	474115.10	完成
1C	城关镇白家乡青坪村	ak-zp-011	造林	询价	551940.10	完成
1C	城关镇白家乡新庄村	ak-zp-012	造林	询价	327805.00	完成
1C	城关镇联盟村	ak-zp-013	造林	询价	371690.00	完成
1C	城关镇白家乡白坪村	ak-zp-014	造林	询价	274599.70	完成
1C	白家乡茶店村	ak-zp-015	造林	询价	148235.01	完成
1C	白家乡平宝村	ak-zp-016	造林	询价	199624.63	完成
1C	城关镇菜村	ak-zp-017	造林	询价	329535.02	完成
1C	城关镇联盟村	ak-zp-018	造林	询价	508734.62	完成
1C	城关镇文彩村	ak-zp-019	造林	询价	711605.23	完成
1C	城关镇文彩村	ak-zp-020	造林	询价	606309.07	完成
1C	城关镇小河村	ak-zp-021	造林	询价	586127.25	完成
1C	城关镇小河村	ak-zp-022	造林	询价	511355.59	完成
1C	城关镇新华村	ak-zp-023	造林	询价	439013.40	完成

甘肃省

类别编号	受益实体	合同号	合同内容	合同金额（元）	采购方式	完成情况
省项目办						
4A	省、市、县项目管理人员	ACG1	设备采购	2034434.00	国内竞标	完成
4A	省、市、县项目管理人员	ACG2	设备采购	909581.00	国内竞标	完成
5A	项目有关人员、农户	G18233	电子商务专家	880000	单一来源	完成
5A	项目有关人员、农户	G18235	监测与评估专家	800000	单一来源	完成
5A	项目有关人员、农户	G18234	经济林专家	944000	单一来源	完成
临洮县						
1D	临洮县神龟园花木培育基地	LTS01-MM	苗木采购	494571	询价采购	完成
1D	临洮县神龟园花木培育基地	LTS02-MM	苗木采购	544064.5	询价采购	完成
1D	临洮县神龟园花木培育基地	LTS03-MM	苗木采购	534303	询价采购	完成
1D	临洮县八里铺镇宿郑家坪村	LTS01	造林	74865	自营工程	完成
1D	临洮县太石镇三益村	LTS09	造林	171350	自营工程	完成
1D	临洮县太石镇三益村	LTS10	造林	141306.25	自营工程	完成
1D	临洮县太石镇三益村	LTS11	造林	129547.5	自营工程	完成
1D	临洮县太石镇站沟村	LTS12	造林	105282.5	自营工程	完成
1D	临洮县太石镇站沟村	LTS13	造林	160712.5	自营工程	完成
1D	临洮县神龟园花木培育基地	LTS04-MM	苗木采购	585413.5	询价采购	完成
1D	临洮县神龟园花木培育基地	LTS05-MM	苗木采购	603662.5	询价采购	完成
1D	临洮县神龟园花木培育基地	LTS06-MM	苗木采购	587317.5	询价采购	完成
1D	临洮县神龟园花木培育基地	LTS07-MM	苗木采购	569474.5	询价采购	完成
1D	临洮县神龟园花木培育基地	LTS08-MM	苗木采购	330676.5	询价采购	完成
1D	临洮县太石镇大庄村	LTS02	造林	151368.75	自营工程	完成
1D	临洮县太石镇大庄村	LTS05	造林	140070	自营工程	完成
1D	临洮县太石镇大庄村	LTS08	造林	123941.2	自营工程	完成
1D	临洮县太石镇大庄村	LTS03	造林	169912.5	自营工程	完成
1D	临洮县太石镇大庄村	LTS04	造林	122187.5	自营工程	完成
1D	临洮县太石镇大庄村	LTS06	造林	164622.5	自营工程	完成
1D	临洮县太石镇大庄村	LTS07	造林	130611.25	自营工程	完成
1D	临洮县太石镇站沟村	LTS14	造林	170200	自营工程	完成
1D	临洮县太石镇站沟村	LTS15	造林	159562.5	自营工程	完成

（续）

类别编号	受益实体	合同号	合同内容	合同金额（元）	采购方式	完成情况
1D	临洮县神龟园花木培育基地	LTS09-MM	苗木采购	585413.5	询价采购	完成
1D	临洮县神龟园花木培育基地	LTS12-MM	苗木采购	339339	询价采购	完成
1D	临洮县神龟园花木培育基地	LTS13-MM	苗木采购	603778	询价采购	完成
1D	临洮县神龟园花木培育基地	LTS16-MM	苗木采购	354875.5	询价采购	完成
1D	临洮县太石镇沙楞村	LTS16	造林合同	117875	自营工程	完成
1D	临洮县太石镇沙楞村	LTS17	造林	173563.75	自营工程	完成
1D	临洮县太石镇牛头沟村	LTS23	造林	168935	自营工程	完成
1D	临洮县太石镇牛头沟村	LTS24	造林	175950	自营工程	完成
1D	临洮县中铺镇下铺村	LTS25	造林	124631.25	自营工程	完成
1D	临洮县中铺镇下铺村	LTS30	造林	176668.75	自营工程	完成
1D	临洮县神龟园花木培育基地	LTS10-MM	苗木采购	591360	询价采购	完成
1D	临洮县神龟园花木培育基地	LTS11-MM	苗木采购	609955.5	询价采购	完成
1D	临洮县神龟园花木培育基地	LTS14-MM	苗木采购	127627.5	询价采购	完成
1D	临洮县神龟园花木培育基地	LTS15-MM	苗木采购	614750.5	询价采购	完成
1D	临洮县神龟园花木培育基地	LTS17-MM	苗木采购	539731.5	询价采购	完成
1D	临洮县太石镇沙楞村	LTS18	造林	133112.5	自营工程	完成
1D	临洮县太石镇沙楞村	LTS19	造林	161287.5	自营工程	完成
1D	临洮县太石镇沙楞村	LTS20	造林	149068.75	自营工程	完成
1D	临洮县太石镇沙楞村	LTS21	造林	154588.75	自营工程	完成
1D	临洮县太石镇沙楞村	LTS22	造林	63537.5	自营工程	完成
1D	临洮县中铺镇下铺村	LTS26	造林	149270	自营工程	完成
1D	临洮县中铺镇下铺村	LTS27	造林	156773.75	自营工程	完成
1D	临洮县中铺镇下铺村	LTS28	造林	141018.75	自营工程	完成
秦州区						
1B	秦州区宝兴果蔬农民专业合作社	QZJ01	经济林栽植	40192.22	自营工程	完成
1B	秦州区天润禧果业有限公司	QZJ02	经济林栽植	53064.80	自营工程	完成
1B	秦州区宏宝种植专业合作社	QZJ03	经济林栽植	59587.60	自营工程	完成
1B	秦州区天汪宏业种植专业合作社	QZJ04	经济林栽植	10285.28	自营工程	完成
1B	秦州区天汪宏业种植专业合作社	QZJ05	经济林栽植	41912.50	自营工程	完成
1B	秦州区天汪宏业种植专业合作社	QZJ06	经济林栽植	42169.63	自营工程	完成

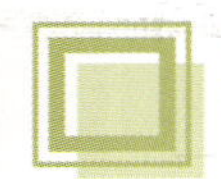

（续）

类别编号	受益实体	合同号	合同内容	合同金额（元）	采购方式	完成情况
1B	秦州区天汪宏业种植专业合作社	QZJ07	经济林栽植	31627.22	自营工程	完成
1B	秦州区天汪宏业种植专业合作社	QZJ08	经济林栽植	48379.36	自营工程	完成
1B	秦州区天汪宏业种植专业合作社	QZJ09	经济林栽植	47826.53	自营工程	完成
1B	天水稼昀农业开发有限公司	QZJ10	经济林栽植	37278.69	自营工程	完成
1B	天水新赛畜牧有限公司	QZJ11	经济林栽植	10285.28	自营工程	完成
1B	秦州区新园子苹果种植专业合作社	QZJ12	经济林栽植	46798.00	自营工程	完成
1B	秦州区新园子苹果种植专业合作社	QZJ13	经济林栽植	58921.77	自营工程	完成
1B	秦州区新园子苹果种植专业合作社	QZJ14	经济林栽植	36769.86	自营工程	完成
1B	秦州区润丰农业有限公司	QZJ15	经济林栽植	59744.59	自营工程	完成
1B	秦州区润丰农业有限公司	QZJ16	经济林栽植	50050.72	自营工程	完成
1B	秦州区云光生态公司	QZJ17	经济林栽植	26574.58	自营工程	完成
1B	天水市秦州区圣源种植农民合作社	QZJ18	经济林栽植	26139.31	自营工程	完成
1B	天水市秦州区圣源种植农民合作社	QZJ19	经济林栽植	12309.34	自营工程	完成
1B	秦州区林联苹果种植专业合作社	QZJ20	经济林栽植	27721.93	自营工程	完成
1B	秦州区林联苹果种植专业合作社	QZJ21	经济林栽植	53905.36	自营工程	完成
1B	秦州区林联苹果种植专业合作社	QZJ22	经济林栽植	60683.45	自营工程	完成
1B	秦州区圣源种植农民专业合作社	QZJ23	经济林栽植	287648.82	自营工程	完成
1B	秦州区林联苹果种植专业合作社	QZJ24	经济林栽植	168368.50	自营工程	完成
1B	秦州区众欣果品公司	QZJ25	经济林栽植	240511.95	自营工程	完成
1B	秦州区众欣果品公司	QZJ26	经济林栽植	227532.87	自营工程	完成
1B	天水花牛果品公司	QZJ27	经济林栽植	183284.40	自营工程	完成
1B	天水花牛果品公司	QZJ28	经济林栽植	170595.48	自营工程	完成
1B	秦州区圣绿康合作社	QZJ29	经济林栽植	49221.74	自营工程	完成
1B	秦州区圣绿康合作社	QZJ30	经济林栽植	142556.91	自营工程	完成
1B	秦州区欣晟合作社	QZJ31	经济林栽植	86894.74	自营工程	完成
1B	秦州区汉水源养殖场	QZJ32	经济林栽植	177523.05	自营工程	完成
1B	天水新赛畜牧有限公司	QZJ33	经济林栽植	224860.98	自营工程	完成

（续）

类别编号	受益实体	合同号	合同内容	合同金额（元）	采购方式	完成情况
1B	天水新赛畜牧有限公司	QZJ34	经济林栽植	215470.40	自营工程	完成
1B	秦州区汉水源养殖场	QZJ35	经济林栽植	162715.40	自营工程	完成
1B	天水市种源农业科技发展有限公司	QZJ36	经济林栽植	70494.00	自营工程	完成
1B	秦州区大丰收种植农民合作社	QZJ37	经济林栽植	299442.56	自营工程	完成
1B	秦州区蓑龙樱桃种植农民合作社	QZJ38	经济林栽植	44884.13	自营工程	完成
1B	秦州区蓑龙樱桃种植农民合作社	QZJ39	经济林栽植	170788.46	自营工程	完成
1B	秦州区裕民种植农民专业合作社	QZJ40	经济林栽植	115488.52	自营工程	完成
1B	秦州区裕天专业合作社	QZJ41	经济林栽植	137435.40	自营工程	完成
1B	秦州区欣晟合作社	QZJ42	经济林栽植	212441.76	自营工程	完成
1B	秦州区上御合作社	QZJ43	经济林栽植	70148.60	自营工程	完成
1B	秦州区上御合作社	QZJ44	经济林栽植	268420.32	自营工程	完成
1B	秦州区丰缘种植专业合作社	QZJ45	经济林栽植	302495.62	自营工程	完成
1B	天水仲林果品公司	QZJ46	经济林栽植	292052.55	自营工程	完成
1B	天水仲林果品公司	QZJ47	经济林栽植	253573.61	自营工程	完成
1B	天水仲林果品公司	QZJ48	经济林栽植	135455.62	自营工程	完成
秦安县						
1A	陇城镇西关村	QAJ01	新建经济林	390000	自营工程	完成
1A	陇城镇龙泉、陇城村	QAJ02	新建经济林	520000	自营工程	完成
1A	千户乡四坪村	QAJ03	新建经济林	507000	自营工程	完成
1A	千户乡四坪村	QAJ04	新建经济林	494000	自营工程	完成
1A	千户乡四坪村	QAJ05	新建经济林	299000	自营工程	完成
1A	王尹镇姚沟村	QAJ06	新建经济林	520000	自营工程	完成
1A	王尹镇姚沟村	QAJ07	新建经济林	520000	自营工程	完成
1A	王尹镇姚沟、尹川村	QAJ08	新建经济林	442000	自营工程	完成
1A	王尹镇尹川村	QAJ09	新建经济林	598000	自营工程	完成
1B	王营镇蔡河村	QAJ10	新建经济林	442000	自营工程	完成
1B	王营镇蔡河村	QAJ11	新建经济林	520000	自营工程	完成
1B	王营镇蔡河村	QAJ12	新建经济林	260000	自营工程	完成
1B	王尹镇郝康村	QAJ13	新建经济林	520000	自营工程	完成
1B	王尹镇王川村	QAJ14	新建经济林	390000	自营工程	完成

（续）

类别编号	受益实体	合同号	合同内容	合同金额（元）	采购方式	完成情况
1B	王尹镇王川村	QAJ15	新建经济林	520000	自营工程	完成
1B	王尹镇赵梁村	QAJ16	新建经济林	520000	自营工程	完成
1B	魏店镇龙王庙村	QAJ17	新建经济林	455000	自营工程	完成
1B	魏店镇龙王庙村	QAJ18	新建经济林	390000	自营工程	完成
1B	魏店镇龙王庙村	QAJ19	新建经济林	455000	自营工程	完成
1B	魏店镇龙王庙村	QAJ20	新建经济林	390000	自营工程	完成
1B	魏店镇龙王庙村	QAJ21	新建经济林	390000	自营工程	完成
1B	魏店镇陈庄村	QAJ22	新建经济林	611000	自营工程	完成
1B	莲花镇大庄村	QAJ23	新建经济林	390000	自营工程	完成
1B	莲花镇大庄村	QAJ24	新建经济林	390000	自营工程	完成
1B	陇城镇山王村	QAJ25	新建经济林	325000	自营工程	完成
1B	中山乡郭洼村	QAJ26	新建经济林	429000	自营工程	完成
1B	王营镇薛李村	QAJ27	新建经济林	208000	自营工程	完成
1B	陇城镇山王村	QAJ28	新建经济林	260000	自营工程	完成
1B	陇城镇山王村	QAJ29	新建经济林	390000	自营工程	完成
1B	五营镇蔡河村	QAJ30	新建经济林	390000	自营工程	完成
1B	五营镇蔡河村	QAJ31	新建经济林	468000	自营工程	完成
1B	五营镇王店村	QAJ32	新建经济林	390000	自营工程	完成
1B	五营镇王店村	QAJ33	新建经济林	520000	自营工程	完成
1B	中山乡胡崖村	QAJ34	新建经济林	390000	自营工程	完成
1B	中山乡胡崖村	QAJ35	新建经济林	390000	自营工程	完成
1B	中山乡胡崖村	QAJ36	新建经济林	520000	自营工程	完成
1B	魏店镇陈庄村	QAJ22	新建经济林	611000	自营工程	完成
1B	莲花镇大庄村	QAJ23	新建经济林	390000	自营工程	完成
1B	莲花镇大庄村	QAJ24	新建经济林	390000	自营工程	完成
1B	陇城镇山王村	QAJ25	新建经济林	325000	自营工程	完成
1B	中山乡郭洼村	QAJ26	新建经济林	429000	自营工程	完成
1B	王营镇薛李村	QAJ27	新建经济林	208000	自营工程	完成
1B	陇城镇山王村	QAJ28	新建经济林	260000	自营工程	完成
1B	陇城镇山王村	QAJ29	新建经济林	390000	自营工程	完成
1B	五营镇蔡河村	QAJ30	新建经济林	390000	自营工程	完成

（续）

类别编号	受益实体	合同号	合同内容	合同金额（元）	采购方式	完成情况
1B	五营镇蔡河村	QAJ31	新建经济林	468000	自营工程	完成
1B	五营镇王店村	QAJ32	新建经济林	390000	自营工程	完成
1B	五营镇王店村	QAJ33	新建经济林	520000	自营工程	完成
1B	中山乡胡崖村	QAJ34	新建经济林	390000	自营工程	完成
1B	中山乡胡崖村	QAJ35	新建经济林	390000	自营工程	完成
1B	中山乡胡崖村	QAJ36	新建经济林	520000	自营工程	完成
麦积区						
1B	天水鑫田农资植保服务有限公司	MJJ—NY—01	采购农药	78420	询价采购	完成
1B	天水瑞农农业开发有限公司	MJJ—NY—02	采购农药	47625	询价采购	完成
1B	天水瑞农农业开发有限公司	MJJ—NY—03	采购农药	154665	询价采购	完成
1B	天水康田农业服务有限公司	MJJ—NY—04	采购农药	9990	询价采购	完成
1B	天水市民丰农资有限公司	MJJ—HF—01	采购尿素	88110	询价采购	完成
1B	天水鑫田农资植保服务有限公司	MJJ—HF—02	采购有机肥	121440	询价采购	完成
1B	天水市民丰农资有限公司	MJJ—HF—03	采购尿素	319506	询价采购	完成
1B	天水润德沼气开发工程有限公司	MJJ—HF—04	采购有机肥	166584	询价采购	完成
1B	天水鑫田农资植保服务有限公司	MJJ—HF—05	采购有机肥	106524	询价采购	完成
1B	天水鑫田农资植保服务有限公司	MJJ—HF—06	采购有机肥	279400	询价采购	完成
1B	天水康田农业服务有限公司	MJJ—HF—07	采购有机肥	313417.5	询价采购	完成
1B	天水喜丰收农资有限公司	MJJ—HF—08	采购复合肥	376095.5	询价采购	完成
1B	天水康田农业服务有限公司	MJJ—HF—09	采购有机肥	43956	询价采购	完成
1B	天水康田农业服务有限公司	MJJ—HF—10	采购有机肥	32967	询价采购	完成
1B	农户	MJJ—MM—01	核桃苗木	79695	询价采购	完成
1A	农户	MJJ—MM—02	苹果苗木	78540	询价采购	完成
1B	农户	MJJ—MM—03	苹果苗木	188160	询价采购	完成
1B	农户	MJJ—MM—04	苹果苗木	157920	询价采购	完成
1B	农户	MJJ—MM—05	苹果苗木	92820	询价采购	完成
1B	农户	MJJ—MM—06	苹果苗木	171780	询价采购	完成
1B	农户	MJJ—MM—07	苹果苗木	145320	询价采购	完成
1B	农户	MJJ—MM—08	苹果苗木	176820	询价采购	完成
1B	农户	MJJ—MM—09	苹果苗木	171360	询价采购	完成

（续）

类别编号	受益实体	合同号	合同内容	合同金额（元）	采购方式	完成情况
1B	农户	MJJ—MM—10	苹果苗木	121380	询价采购	完成
1B	农户	MJJ—MM—11	苹果苗木	157920	询价采购	完成
1A	农户	MJJ—MM—12	苹果苗木	184380	询价采购	完成
1B	农户	MJJ—MM—15	苹果苗木	126000	询价采购	完成
1B	农户	MJJ—MM—29	核桃苗木	165330	询价采购	完成
1B	农户	MJJ—MM—30	核桃苗木	164835	询价采购	完成
1B	农户	MJJ—MM—31	核桃苗木	164835	询价采购	完成
1B	农户	MJJ—MM—34	核桃苗木	161865	询价采购	完成
1B	农户	MJJ—MM—35	核桃苗木	168300	询价采购	完成
1B	农户	MJJ—MM—36	核桃苗木	151470	询价采购	完成
1B	农户	MJJ—MM—37	核桃苗木	62865	询价采购	完成
1B	农户	MJJ—MM—38	核桃苗木	174735	询价采购	完成
1B	农户	MJJ—MM—13	苹果苗木	154980	询价采购	完成
1B	农户	MJJ—MM—14	苹果苗木	112000	询价采购	完成
1B	农户	MJJ—MM—16	苹果苗木	189000	询价采购	完成
1B	农户	MJJ—MM—17	苹果苗木	171360	询价采购	完成
1B	农户	MJJ—MM—18	苹果苗木	164220	询价采购	完成
1B	农户	MJJ—MM—19	苹果苗木	138000	询价采购	完成
1B	农户	MJJ—MM—20	苹果苗木	82320	询价采购	完成
1B	农户	MJJ—MM—21	苹果苗木	183540	询价采购	完成
1B	农户	MJJ—MM—22	苹果苗木	210000	询价采购	完成
1B	农户	MJJ—MM—23	苹果苗木	151620	询价采购	完成
1B	农户	MJJ—MM—24	苹果苗木	179760	询价采购	完成
1B	农户	MJJ—MM—25	苹果苗木	141120	询价采购	完成
泾川县						
1A	泾川县种苗管理站	JCYHMM-01	苹果苗木	599650.00	询价	完成
1A	泾川县种苗管理站	JCYHMM-02	苹果苗木	399250.00	询价	完成
1A	泾川县林木良种繁育中心	JCYHMM-03	苹果苗木	391700.00	询价	完成
1A	泾川县林木良种繁育中心	JCYHMM-04	苹果苗木	275750.00	询价	完成
1A	泾川县玉都镇郭马、下坳、李胡村	JCJ01	经济林栽植	155480.00	自营工程	完成
1A	泾川县玉都镇康家、玉都、尹家洼、摆旗村	JCJ02	经济林栽植	113906.00	自营工程	完成

（续）

类别编号	受益实体	合同号	合同内容	合同金额（元）	采购方式	完成情况
1A	泾川县高平镇大寺坳、上湾、三十铺村	JCJ03	经济林栽植	152776.00	自营工程	完成
1A	泾川县党原乡高崖、徐家村	JCJ04	经济林栽植	110864.00	自营工程	完成
1A	泾川县党原乡柳寨、合道村	JCJ05	经济林栽植	82810.00	自营工程	完成
1A	泾川县党原乡赵家、湾口村	JCJ06	经济林栽植	150072.00	自营工程	完成
1A	泾川县党原乡樊家、唐家村	JCJ07	经济林栽植	150410.00	自营工程	完成
1A	泾川县罗汉洞乡景村	JCJ08	经济林栽植	84500.00	自营工程	完成
1A	泾川县罗汉洞乡挽头坪村	JCJ09	经济林栽植	125736.00	自营工程	完成
1A	泾川县飞云乡南峪村	JCJ10	经济林栽植	39546.00	自营工程	完成
1A	泾川县种苗管理站	JCYHMM-05	苹果苗木	599650.00	询价	完成
1A	泾川县种苗管理站	JCYHMM-06	苹果苗木	399700.00	询价	完成
1A	泾川县林木良种繁育中心	JCYHMM-07	苹果苗木	396000.00	询价	完成
1A	泾川县林木良种繁育中心	JCYHMM-08	苹果苗木	346480.00	询价	完成
1E	泾川县元顺建筑安装工程有限责任公司	JCC1	果库土建工程	1500000.00	公开招标	完成
1B	泾川县林木良种繁育中心	JCYHMM-09	苹果苗木	217350.00	询价	完成
1B	泾川县玉都镇下坳村	JCJ11	经济林栽植	162240.00	自营工程	完成
1B	泾川县玉都镇郭马、王寨、李胡村	JCJ12	经济林栽植	110864.00	自营工程	完成
1B	泾川县玉都镇官村、玉都村	JCJ13	经济林栽植	142974.00	自营工程	完成
1B	泾川县高平镇大寺坳、寨子、原梁村	JCJ14	经济林栽植	164268.00	公开招标	完成
1B	泾川县高平镇牛家咀、许家坡村	JCJ15	经济林栽植	137566.00	公开招标	完成
1B	泾川县高平镇原尚村	JCJ16	经济林栽植	51376.00	自营工程	完成
1B	泾川县党原乡徐家、坷佬、永丰、西联村	JCJ17	经济林栽植	153114.00	自营工程	完成
1B	泾川县党原乡坷佬、永丰村	JCJ18	经济林栽植	152776.00	自营工程	完成
1B	泾川县罗汉洞乡中村村	JCJ19	经济林栽植	157508.00	自营工程	完成
1B	泾川县飞云乡南峪、老庄、坡头村	JCJ20	经济林栽植	121004.00	自营工程	完成
1B	泾川县丰台乡张观察、西头王、湫池村	JCJ21	经济林栽植	110188.00	自营工程	完成
1B	泾川县丰台乡通尔沟、焦家村	JCJ22	经济林栽植	90922.00	自营工程	完成
1E	泾川县元顺建筑安装工程有限责任公司	JCC1	果库设备工程	3990791.18	公开招标	完成
1B	泾川县玉都镇郭马、下坳、李胡村	JCJ01	厩肥、抚育费	73600.00	自营工程	完成

（续）

类别编号	受益实体	合同号	合同内容	合同金额（元）	采购方式	完成情况
1B	泾川县玉都镇康家、玉都、尹家洼、摆旗村	JCJ02	厩肥、抚育费	53920.00	自营工程	完成
1B	泾川县高平镇大寺坳、上湾、三十铺村	JCJ03	厩肥、抚育费	72320.00	自营工程	完成
1B	泾川县党原乡高崖、徐家村	JCJ04	厩肥、抚育费	52480.00	自营工程	完成
1B	泾川县党原乡柳寨、合道村	JCJ05	厩肥、抚育费	39200.00	自营工程	完成
1B	泾川县党原乡赵家、湾口村	JCJ06	厩肥、抚育费	71040.00	自营工程	完成
1B	泾川县党原乡樊家、唐家村	JCJ07	厩肥、抚育费	71200.00	自营工程	完成
1B	泾川县罗汉洞乡景村	JCJ08	厩肥、抚育费	40000.00	自营工程	完成
1B	泾川县罗汉洞乡挽头坪村	JCJ09	厩肥、抚育费	59520.00	自营工程	完成
1B	泾川县飞云乡南峪村	JCJ10	厩肥、抚育费	18720.00	自营工程	完成
1B	泾川县高平镇大寺坳、寨子、原梁村	JCJ14	厩肥、抚育费	77760.00	自营工程	完成
1B	泾川县高平镇牛家咀、许家坡村	JCJ15	厩肥、抚育费	65120.00	自营工程	完成
1B	泾川县高平镇原尚村	JCJ16	厩肥、抚育费	24320.00	自营工程	完成
1B	泾川县党原乡徐家、坷佬、永丰、西联村	JCJ17	厩肥、抚育费	72480.00	自营工程	完成
1B	泾川县党原乡坷佬、永丰村	JCJ18	厩肥、抚育费	72320.00	自营工程	完成
1B	泾川县罗汉洞乡中村村	JCJ19	厩肥、抚育费	74560.00	自营工程	完成
1B	泾川县飞云乡南峪、老庄、坡头村	JCJ20	厩肥、抚育费	57280.00	自营工程	完成
1B	泾川县丰台乡张观察、西头王、湫池村	JCJ21	厩肥、抚育费	52160.00	自营工程	完成
1B	泾川县丰台乡通尔沟、焦家村	JCJ22	厩肥、抚育费	43040.00	自营工程	完成
1B	营口市鲅鱼圈区熊岳镇鹏宇苗木经销处	JCYHMM-1	苹果苗木采购	450000.00	询价	完成
1B	营口市鲅鱼圈区熊岳镇鹏宇苗木经销处	JCYHMM-2	苹果苗木采购	300000.00	询价	完成
1B	营口市鲅鱼圈区熊岳镇鹏宇苗木经销处	JCYHMM-3	苹果苗木采购	385000.00	询价	完成
1B	泾川县森鑫园林绿化有限责任公司	JCYHYT-01	厩肥、抚育费	302616.00	询价	完成
1B	泾川县森鑫园林绿化有限责任公司	JCYHYT-02	化肥采购	77700.00	询价	完成
合水县						
01E	合水县陇原果品公司	HSC1	果品储藏库及储藏设备采购	3344193.75	国内竞争性招标	完成
01F	合水县陇东海洋乳业有限责任公司	HSC2	果品储藏库及储藏设备采购	6216378.17	国内竞争性招标	完成

（续）

类别编号	受益实体	合同号	合同内容	合同金额（元）	采购方式	完成情况
1A	何家畔乡（赵楼子村、姚坑崂村、郭家庄、显头村）	HSJ01	营造经济林苹果	531616.25	自营工程	完成
1A	何家畔乡（柳义川村、何家畔村、产白村）	HSJ02	营造苹果经济林	449308.75	自营工程	完成
1A	吉岘乡（吉岘村、黄寨子村）	HSJ03	营造核桃经济林	494634.25	自营工程	完成
1A	西华池镇（杨沟崂村、黎家庄子村）	HSJ04	营造核桃经济林	272065.75	自营工程	完成
1A	西华池镇（师家庄村、孙家寨沟村）	HSJ05	营造核桃经济林	150408.5	自营工程	完成
1A	太莪关良	HSJ10	营造核桃经济林	537690.4	自营工程	完成
1A	板桥阳洼	HSJ11	营造核桃经济林	375399.7	自营工程	完成
1A	板桥刘家庄	HSJ12	营造核桃经济林	467200.5	自营工程	完成
1A	太莪关良	HSJ13	营造核桃经济林	247740.4	自营工程	完成
1A	板桥锦坪	HSJ14	营造核桃经济林	180934	自营工程	完成
1A	吉岘宫合	HSJ15	营造核桃经济林	306196	自营工程	完成
1A	肖咀石家庄、西沟	HSJ16	营造核桃经济林	389704	自营工程	完成
1A	段家集乡段家集	HSJ17	营造核桃经济林	578988.8	自营工程	完成
1A	蒿咀铺张举塬	HSJ18	营造核桃经济林	492697.2	自营工程	完成
1A	蒿咀铺九站村	HSJ19	营造核桃经济林	130829.2	自营工程	完成
1A	店子双柳树	HSJ20	营造核桃经济林	203202.8	自营工程	完成
成县						
1B	城关镇张旗村	CXJ-01	营造核桃经济林	327860	自营工程	完成
1B	城关镇张旗村	CXJ-02	营造核桃经济林	409825	自营工程	完成
1B	城关镇张旗村	CXJ-03	营造核桃经济林	409825	自营工程	完成
1B	城关镇邵总村	CXJ-04	营造核桃经济林	491790	自营工程	完成
1B	抛沙镇小湾村	CXJ-05	营造核桃经济林	327860	自营工程	完成
1B	抛沙镇唐坪村	CXJ-06	营造核桃经济林	491790	自营工程	完成
1B	抛沙镇广化村	CXJ-07	营造核桃经济林	491790	自营工程	完成
1B	抛沙镇广化村	CXJ-08	营造核桃经济林	327860	自营工程	完成
1B	王磨镇韦山村	CXJ-09	营造核桃经济林	491790	自营工程	完成
1B	王磨镇陈庄村	CXJ-10	营造核桃经济林	491790	自营工程	完成
1B	王磨镇祁坝村	CXJ-11	营造核桃经济林	327860	自营工程	完成
1B	纸坊镇纸坊村	CXJ-12	营造核桃经济林	606541	自营工程	完成
1B	纸坊镇庙下村	CXJ-13	营造核桃经济林	327860	自营工程	完成

（续）

类别编号	受益实体	合同号	合同内容	合同金额（元）	采购方式	完成情况
1B	纸坊镇庙下村	CXJ-14	营造核桃经济林	300483.7	自营工程	完成
1B	纸坊镇庙下村	CXJ-15	营造核桃经济林	469987.3	自营工程	完成
1B	纸坊镇梁河村	CXJ-16	营造核桃经济林	332286.1	自营工程	完成
1B	纸坊镇梁河村	CXJ-17	营造核桃经济林	361629.6	自营工程	完成
1B	纸坊镇小路村	CXJ-18	营造核桃经济林	327860	自营工程	完成
1B	黄陈镇上五郎村	CXJ-19	营造核桃经济林	437201.3	自营工程	完成
1B	黄陈镇上五郎村	CXJ-20	营造核桃经济林	437201.3	自营工程	完成
1B	黄陈镇上五郎村	CXJ-21	营造核桃经济林	327860	自营工程	完成
1B	黄陈镇上五郎村	CXJ-22	营造核桃经济林	546378.7	自营工程	完成
1B	黄陈镇下五郎村	CXJ-23	营造核桃经济林	245895	自营工程	完成
1B	黄陈镇下五郎村	CXJ-24	营造核桃经济林	327860	自营工程	完成
1B	黄陈镇下五郎村	CXJ-25	营造核桃经济林	218518.7	自营工程	完成
1B	黄陈镇下五郎村	CXJ-26	营造核桃经济林	469987.3	自营工程	完成
1B	城关镇西关村	CXJ-27	营造核桃经济林	327860	自营工程	完成
1B	城关镇幸福村	CXJ-28	营造核桃经济林	443758.5	自营工程	完成
1B	城关镇幸福村	CXJ-29	营造核桃经济林	346548	自营工程	完成
1B	城关镇幸福村	CXJ-30	营造核桃经济林	357203.5	自营工程	完成
1B	抛沙镇高桥村	CXJ-31	营造核桃经济林	557362	自营工程	完成
1B	抛沙镇高桥村	CXJ-32	营造核桃经济林	426218	自营工程	完成
1B	抛沙镇高桥村	CXJ-33	营造核桃经济林	655720	自营工程	完成
1B	抛沙镇赵山村	CXJ-34	营造核桃经济林	534411.8	自营工程	完成
1B	抛沙镇赵山村	CXJ-35	营造核桃经济林	613098.2	自营工程	完成
正宁县						
1A	农户	ZNJ-MM01	苹果苗木	544950	询价	完成
1A	农户	ZNJ-MM02	苹果苗木	516250	询价	完成
1A	农户	ZNJ-MM03	苹果苗木	416150	询价	完成
1A	农户	ZNJ-MM04	苹果苗木	403900	询价	完成
1A	农户	ZNJ-MM05	苹果苗木	546700	询价	完成
1A	农户	ZNJ-MM06	苹果苗木	585550	询价	完成
1A	农户	ZNJ-MM07	苹果苗木	350000	询价	完成
1A	农户	ZNJ-MM08	苹果苗木	493085	询价	完成

（续）

类别编号	受益实体	合同号	合同内容	合同金额（元）	采购方式	完成情况
1A	农户	ZNJ-MM09	苹果苗木	301445	询价	完成
1A	农户	ZNJ-MM010	苹果苗木	525000	询价	完成
1B	农户	ZNJ-MM011	苹果苗木	128520	询价	完成
1A	农户	ZNJ-HF01	化肥采购	373494	询价	完成
1A	农户	ZNJ-HF02	化肥采购	260766	询价	完成
1B	农户	ZNJ-HF03	化肥采购	523732	询价	完成
1B	农户	ZNJ-HF04	化肥采购	456588	询价	完成
1A	农户	ZNJ-HF05	化肥采购	179520	询价	完成
1B	农户	ZNJ-NY01	农药采购	144150	询价	完成
1A	山河镇佑苏村	ZNJ001	经济林栽植	252720	自营工程	完成
1A	山河镇王阁村	ZNJ002	经济林栽植	268272	自营工程	完成
1A	山河镇王阁村	ZNJ003	经济林栽植	283176	自营工程	完成
1A	山河镇冯柳村	ZNJ004	经济林栽植	129600	自营工程	完成
1A	永正乡王沟圈村	ZNJ005	经济林栽植	91368	自营工程	完成
1A	永正乡纪村	ZNJ006	经济林栽植	287712	自营工程	完成
1A	永正乡东龙头村	ZNJ007	经济林栽植	128952	自营工程	完成
1A	永正乡上官庄村	ZNJ008	经济林栽植	294840	自营工程	完成
1A	永正乡上官庄村	ZNJ009	经济林栽植	244296	自营工程	完成
1A	永正乡路里村	ZNJ010	经济林栽植	301320	自营工程	完成
1A	永正乡友好村	ZNJ011	经济林栽植	262440	自营工程	完成
1A	永正乡友好村	ZNJ012	经济林栽植	206712	自营工程	完成
1A	永正乡堡住村	ZNJ013	经济林栽植	279936	自营工程	完成
1A	永正乡堡住村	ZNJ014	经济林栽植	191160	自营工程	完成
1A	永正乡堡住村	ZNJ015	经济林栽植	276696	自营工程	完成
1A	永正乡南住村	ZNJ016	经济林栽植	236520	自营工程	完成
1A	永正乡南住村	ZNJ017	经济林栽植	184032	自营工程	完成
1A	榆林子镇乐兴村	ZNJ018	经济林栽植	27864	自营工程	完成
1A	榆林子镇乐安坊村	ZNJ019	经济林栽植	14904	自营工程	完成
1A	榆林子镇党家村	ZNJ020	经济林栽植	224856	自营工程	完成
1A	榆林子镇党家村	ZNJ021	经济林栽植	213840	自营工程	完成
1A	榆林子镇党家村	ZNJ022	经济林栽植	268920	自营工程	完成

（续）

类别编号	受益实体	合同号	合同内容	合同金额（元）	采购方式	完成情况
1A	榆林子镇任家村	ZNJ023	经济林栽植	77760	自营工程	完成
1A	榆林子镇石家村	ZNJ024	经济林栽植	273456	自营工程	完成
1A	榆林子镇石家村	ZNJ025	经济林栽植	114696	自营工程	完成
1A	榆林子镇石家村	ZNJ026	经济林栽植	279936	自营工程	完成
1A	榆林子镇马家村	ZNJ027	经济林栽植	140616	自营工程	完成
1A	榆林子镇中巷村	ZNJ028	经济林栽植	275400	自营工程	完成
1A	榆林子镇高龙头村	ZNJ029	经济林栽植	213840	自营工程	完成
1A	榆林子镇高龙头村	ZNJ030	经济林栽植	126360	自营工程	完成
1A	榆林子镇高龙头村	ZNJ031	经济林栽植	233280	自营工程	完成
1A	宫河镇南堡子村	ZNJ032	经济林栽植	139320	自营工程	完成
1A	宫河镇东山头村	ZNJ033	经济林栽植	149040	自营工程	完成
1A	宫河镇东山头村	ZNJ034	经济林栽植	194400	自营工程	完成
1A	宫河镇雷村	ZNJ035	经济林栽植	162000	自营工程	完成
1A	宫河镇宫河村	ZNJ036	经济林栽植	194400	自营工程	完成
1A	宫河镇王录村	ZNJ037	经济林栽植	265680	自营工程	完成
1A	宫河镇南庄村	ZNJ038	经济林栽植	38880	自营工程	完成
积石山						
1B	甘河滩村委会	JSSJ01	经济林栽植	338340.00	自营工程	完成
1B	四堡子村委会	JSSJ02	经济林栽植	462398.00	自营工程	完成
1B	陈家村委会	JSSJ03	经济林栽植	338340.00	自营工程	完成
1B	陈家村委会	JSSJ04	经济林栽植	530066.00	自营工程	完成
1B	韩陕家村委会	JSSJ05	经济林栽植	471638.00	自营工程	完成
1B	韩陕家村委会	JSSJ06	经济林栽植	462670.00	自营工程	完成
1B	韩陕家村委会	JSSJ07	经济林栽植	338340.00	自营工程	完成
1B	苟家村委会	JSSJ08	经济林栽植	428564.00	自营工程	完成
1B	苟家村委会	JSSJ09	经济林栽植	304506.00	自营工程	完成
1B	刘安村委会	JSSJ10	经济林栽植	360896.00	自营工程	完成
1B	芦家庄村委会	JSSJ11	经济林栽植	507510.00	自营工程	完成
1B	安家湾村委会	JSSJ12	经济林栽植	214282.00	自营工程	完成
1B	风林村委会	JSSJ13	经济林栽植	338340.00	自营工程	完成
1B	风林村委会	JSSJ14	经济林栽植	451120.00	自营工程	完成

（续）

类别编号	受益实体	合同号	合同内容	合同金额（元）	采购方式	完成情况
1B	长家寺村委会	JSSJ15	经济林栽植	225560.00	自营工程	完成
1B	乔干村委会	JSSJ16	经济林栽植	383452.00	自营工程	完成
1B	满陈家村委会	JSSJ17	经济林栽植	428564.00	自营工程	完成
1B	大杨家村委会	JSSJ18	经济林栽植	484954.00	自营工程	完成
1B	大杨家村委会	JSSJ19	经济林栽植	338340.00	自营工程	完成
1B	酸梨树村委会	JSSJ20	经济林栽植	563900.00	自营工程	完成
1B	酸梨树村委会	JSSJ21	经济林栽植	281950.00	自营工程	完成
1B	桥头村委会	JSSJ22	经济林栽植	452886.00	自营工程	完成
1B	湫池村委会	JSSJ23	经济林栽植	225560.00	自营工程	完成
1B	铺川村委会	JSSJ24	经济林栽植	563900.00	自营工程	完成
1B	新庄村委会	JSSJ25	经济林栽植	563900.00	自营工程	完成
1B	工匠村委会	JSSJ26	经济林栽植	338340.00	自营工程	完成
1B	胡李村委会	JSSJ27	经济林栽植	541344.00	自营工程	完成
1B	银川村委会	JSSJ28	经济林栽植	338340.00	自营工程	完成
1B	康吊村委会	JSSJ29	经济林栽植	507510.00	自营工程	完成
1B	大河村委会	JSSJ30	经济林栽植	338340.00	自营工程	完成
1B	大河村委会	JSSJ31	经济林栽植	451120.00	自营工程	完成
1B	周家村委会	JSSJ32	经济林栽植	451120.00	自营工程	完成
1B	苟家村委会	JSSJ33	经济林栽植	338340.00	自营工程	完成
1B	上坪村委会	JSSJ34	经济林栽植	338340.00	自营工程	完成
1B	上坪村委会	JSSJ35	经济林栽植	451120.00	自营工程	完成
1B	柳沟村委会	JSSJ36	经济林栽植	507510.00	自营工程	完成
1B	白家沟村委会	JSSJ37	经济林栽植	507510.00	自营工程	完成
1B	赵家湾村委会	JSSJ38	经济林栽植	428564.00	自营工程	完成
1B	风光村委会	JSSJ39	经济林栽植	338340.00	自营工程	完成
1B	前进村	JSSJ40	经济林栽植	507510.00	自营工程	完成
1B	红路岭村	JSSJ41	经济林栽植	338340.00	自营工程	完成
1B	钭家山村	JSSJ42	经济林栽植	507510.00	自营工程	完成
1B	辉光村	JSSJ43	经济林栽植	338340.00	自营工程	完成
1B	吊坪村	JSSJ44	经济林栽植	281950.00	自营工程	完成
1B	张豆家村	JSSJ45	经济林栽植	451120.00	自营工程	完成

（续）

类别编号	受益实体	合同号	合同内容	合同金额（元）	采购方式	完成情况
1B	何家村	JSSJ46	经济林栽植	394730.00	自营工程	完成
1B	左家村	JSSJ47	经济林栽植	507510.00	自营工程	完成
1B	海家村委会	JSSJ48	经济林栽植	507510.00	自营工程	完成
1B	徐家村委会	JSSJ49	经济林栽植	338340.00	自营工程	完成
1B	下庄村委会	JSSJ50	经济林栽植	507510.00	自营工程	完成
1B	上庄村委会	JSSJ51	经济林栽植	394730.00	自营工程	完成
1B	工匠村委会	JSSJ52	经济林栽植	394730.00	自营工程	完成
甘谷县						
1B	农户	GGJ-MM001	栽植苗木	113400.00	询价	完成
1B	农户	GGJ-MM002	栽植苗木	105000.00	询价	完成
1B	农户	GGJ-MM003	栽植苗木	176400.00	询价	完成
1B	农户	GGJ-MM004	栽植苗木	176400.00	询价	完成
1B	农户	GGJ-MM005	栽植苗木	176400.00	询价	完成
1B	农户	GGJ-MM006	栽植苗木	67200.00	询价	完成
1B	农户	GGJ-MM007	栽植苗木	151200.00	询价	完成
1B	农户	GGJ-MM008	栽植苗木	67200.00	询价	完成
1B	农户	GGJ-MM009	栽植苗木	184800.00	询价	完成
1B	甘谷勤英生态绿化有限公司	GGJ-MM（010-013）	栽植苗木	277200.00	询价	完成
1B	农户	GGJ-MM011	栽植苗木	189000.00	询价	完成
1B	农户	GGJ-MM012	栽植苗木	184800.00	询价	完成
1B	农户	GGJ-MM014	栽植苗木	189000.00	询价	完成
1B	甘谷勤英生态绿化有限公司	GGJ-MM（015-018）	栽植苗木	504000.00	询价	完成
1B	甘谷勤英生态绿化有限公司	GGJ-MM019	栽植苗木	184800.00	询价	完成
1B	农户	GGJ-MM020	栽植苗木	155400.00	询价	完成
1B	甘谷县林海生态绿化有限责任公司	GGJ-MM（021-022）	栽植苗木	239400.00	询价	完成
1B	甘谷勤英生态绿化有限公司	GGJ-MM（023-026）	栽植苗木	642600.00	询价	完成
1B	农户	GGJ-MM027	栽植苗木	117600.00	询价	完成
1B	农户	GGJ-MM028	栽植苗木	109200.00	询价	完成
1B	甘谷勤英生态绿化有限公司	GGJ-MM（029-034）	栽植苗木	621600.00	询价	完成
1B	甘谷勤英生态绿化有限公司	GGJ-MM（035-039）	栽植苗木	352800.00	询价	完成

（续）

类别编号	受益实体	合同号	合同内容	合同金额（元）	采购方式	完成情况
1B	甘谷县林海生态绿化有限责任公司	GGJ-MM（046-048）	栽植苗木	394000.00	询价	完成
1B	农户	GGJ01	经济林建设	189240.00	自营工程	完成
1B	农户	GGJ02	经济林建设	134460.00	自营工程	完成
1B	农户	GGJ03	经济林建设	144420.00	自营工程	完成
1B	农户	GGJ04	经济林建设	129480.00	自营工程	完成
1B	农户	GGJ05	经济林建设	219120.00	自营工程	完成
1B	农户	GGJ06	经济林建设	184260.00	自营工程	完成
1B	农户	GGJ07	经济林建设	179280.00	自营工程	完成
1B	农户	GGJ08	经济林建设	79680.00	自营工程	完成
1B	农户	GGJ09	经济林建设	219120.00	自营工程	完成
1B	农户	GGJ10	经济林建设	229080.00	自营工程	完成
1B	农户	GGJ11	经济林建设	224100.00	自营工程	完成
1B	农户	GGJ12	经济林建设	219120.00	自营工程	完成
1B	农户	GGJ13	经济林建设	99600.00	自营工程	完成
1B	农户	GGJ14	经济林建设	224100.00	自营工程	完成
1B	农户	GGJ15	经济林建设	134460.00	自营工程	完成
1B	农户	GGJ16	经济林建设	124500.00	自营工程	完成
1B	农户	GGJ17	经济林建设	209160.00	自营工程	完成
1B	农户	GGJ18	经济林建设	209160.00	自营工程	完成
1B	农户	GGJ19	经济林建设	209160.00	自营工程	完成
1B	农户	GGJ20	经济林建设	79680.00	自营工程	完成
1B	农户	GGJ21	经济林建设	229080.00	自营工程	完成
1B	农户	GGJ22	经济林建设	54780.00	自营工程	完成
1B	农户	GGJ23	经济林建设	189240.00	自营工程	完成
1B	农户	GGJ24	经济林建设	214140.00	自营工程	完成
1B	农户	GGJ25	经济林建设	229080.00	自营工程	完成
1B	农户	GGJ26	经济林建设	129480.00	自营工程	完成
1B	农户	GGJ27	经济林建设	139440.00	自营工程	完成
1B	农户	GGJ28	经济林建设	129480.00	自营工程	完成
1B	农户	GGJ29	经济林建设	79680.00	自营工程	完成
1B	农户	GGJ30	经济林建设	139440.00	自营工程	完成

（续）

类别编号	受益实体	合同号	合同内容	合同金额（元）	采购方式	完成情况
1B	农户	GGJ31	经济林建设	24900.00	自营工程	完成
1B	农户	GGJ32	经济林建设	159360.00	自营工程	完成
1B	农户	GGJ33	经济林建设	204180.00	自营工程	完成
1B	农户	GGJ34	经济林建设	129480.00	自营工程	完成
1B	农户	GGJ35	经济林建设	59760.00	自营工程	完成
1B	农户	GGJ36	经济林建设	129480.00	自营工程	完成
1B	农户	GGJ37	经济林建设	74700.00	自营工程	完成
1B	农户	GGJ38	经济林建设	99600.00	自营工程	完成
1B	农户	GGJ39	经济林建设	54780.00	自营工程	完成
1B	农户	GGJ40	经济林建设	154380.00	自营工程	完成
1B	农户	GGJ41	经济林建设	89640.00	自营工程	完成
1B	农户	GGJ42	经济林建设	104580.00	自营工程	完成
1B	甘谷县兴隆化肥经营部	GGJ-HF001-006	化肥	128040.00	询价	完成
1B	甘谷大庄农资化肥有限公司	GGJ-HF007	化肥	303600.00	询价	完成
1B	甘谷大庄农资化肥有限公司	GGJ-HF008	化肥	575500.00	询价	完成
1B	甘谷大庄农资化肥有限公司	GGJ-HF009	化肥	314200.00	询价	完成
1B	甘谷大庄农资化肥有限公司	GGJ-HF010	化肥	338800.00	询价	完成
1B	甘谷县林海生态绿化有限责任公司	GGJ-BMM001-006	补植苗木	126630.00	询价	完成
1B	甘谷勤英生态绿化有限公司	GGJ-BMM007-014	补植苗木	186480.00	询价	完成
1B	甘谷勤英生态绿化有限公司	GGJ-BMM023-026	补植苗木	96390.00	询价	完成
1B	甘谷县林海生态绿化有限责任公司	GGJ-BMM027-028	补植苗木	34020.00	询价	完成
1B	甘谷勤英生态绿化有限公司	GGJ-BMM029-039	补植苗木	146160.00	询价	完成
1B	甘谷勤英生态绿化有限公司	GGJ-MM（040-045）	补植苗木	122220.00	询价	完成
静宁县						
1B	静宁县仁大乡东张村	JNJ001	经济林栽植	211886.55	自营工程	完成
1B	静宁县仁大乡东张村	JNJ002	经济林栽植	204939.45	自营工程	完成
1B	静宁县雷大乡陈局村	JNJ003	经济林栽植	125742.51	自营工程	完成
1B	静宁县雷大乡陈局村	JNJ004	经济林栽植	183773.95	自营工程	完成
1B	静宁县雷大乡陈局村	JNJ005	经济林栽植	184514.98	自营工程	完成

（续）

类别编号	受益实体	合同号	合同内容	合同金额（元）	采购方式	完成情况
1B	静宁县雷大乡曹沟村	JNJ006	经济林栽植	180763.54	自营工程	完成
1B	静宁县雷大乡曹沟村	JNJ007	经济林栽植	66229.02	自营工程	完成
1B	静宁县余湾乡韩店村	JNJ008	经济林栽植	160478.01	自营工程	完成
1B	静宁县余湾乡韩店村	JNJ009	经济林栽植	132458.04	自营工程	完成
1B	静宁县余湾乡胡同村	JNJ010	经济林栽植	170203.95	自营工程	完成
1B	静宁县深沟乡深沟村	JNJ011	经济林栽植	138988.31	自营工程	完成
1B	静宁县深沟乡小户村	JNJ012	经济林栽植	138895.69	自营工程	完成
1B	静宁县李店镇蒲岔村	JNJ013	经济林栽植	92303.80	自营工程	完成
1B	静宁县李店镇蒲岔村	JNJ014	经济林栽植	172612.28	自营工程	完成
1B	静宁县李店镇蒲岔村	JNJ015	经济林栽植	151909.92	自营工程	完成
1B	静宁县余湾乡韩店村	JNJ016	经济林栽植	152836.20	自营工程	完成
1B	静宁县余湾乡韩店村	JNJ017	经济林栽植	165202.04	自营工程	完成
1B	静宁县余湾乡韩马村	JNJ018	经济林栽植	91840.66	自营工程	完成
1B	静宁县石咀苗圃	JNJ-MM01	苹果苗木	418500.00	询价	完成
1B	静宁县石咀苗圃	JNJ-MM02	苹果苗木	511500.00	询价	完成
1B	静宁县石咀苗圃	JNJ-MM03	苹果苗木采购	438262.50	询价	完成
1B	静宁县石咀林场	JNJMM04	苹果苗木采购	205237.05	询价	完成
1B	静宁县信达农业生产资料有限责任公司	JNJHF01	化肥采购	361221.30	询价	完成
1B	永昌县瑞田农资有限公司	JNJHF02	化肥采购	481628.40	公开招标	完成
1B	静宁县利农农资销售有限公司	JNJNY01	农药采购	82095.75	公开招标	完成
1B	静宁县仁大乡东张村	JNJ019	经济林栽植	54187.38	自营工程	完成
1B	静宁县仁大乡西山沟村	JNJ020	经济林栽植	177382.62	自营工程	完成
1B	静宁县仁大乡东湾村	JNJ021	经济林栽植	46314.00	自营工程	完成
1B	静宁县威戎镇贾马村	JNJ022	经济林栽植	185256.00	自营工程	完成
1B	静宁县威戎镇杨湾村	JNJ023	经济林栽植	185256.00	自营工程	完成
1B	静宁县司桥乡潘王村	JNJ024	经济林栽植	138942.00	自营工程	完成
1B	静宁县司桥乡潘王村	JNJ025	经济林栽植	185256.00	自营工程	完成
1B	静宁县余湾乡胡同村	JNJ026	经济林栽植	231570.00	自营工程	完成
1B	静宁县余湾乡阴屲村	JNJ027	经济林栽植	69471.00	自营工程	完成
1B	静宁县李店镇上杜村	JNJ028	经济林栽植	231570.00	自营工程	完成
1B	静宁县李店镇郭湾村	JNJ029	经济林栽植	231570.00	自营工程	完成

（续）

类别编号	受益实体	合同号	合同内容	合同金额（元）	采购方式	完成情况
1B	静宁县双岘乡长岔村	JNJ030	经济林栽植	231570.00	自营工程	完成
1B	静宁县双岘乡姚湾村	JNJ031	经济林栽植	138942.00	自营工程	完成
1B	静宁县深沟乡深沟村	JNJ032	经济林栽植	138942.00	自营工程	完成
1B	静宁县城川乡陈马村	JNJ033	经济林栽植	138942.00	自营工程	完成
1B	静宁县城川乡陈马村	JNJ034	经济林栽植	185256.00	自营工程	完成
1B	静宁县长青园林绿化有限责任公司	JNJMM05	苹果苗木采购	560511.00	公开招标	完成
1B	静宁县森源园林绿化有限责任公司	JNJMM06	苹果苗木采购	567260.01	公开招标	完成
1B	静宁县御林园林绿化有限责任公司	JNJMM07	苹果苗木采购	140237.96	公开招标	完成
1B	静宁欣泰园林绿化有限公司	JNJMM08	苹果苗木采购	188910.90	竞争性谈判	完成
1B	甘肃省永明农资有限公司	JNJHF03	化肥采购	340659.00	竞争性谈判	完成
1B	甘肃省永明农资有限公司	JNJNY02	农药采购	77422.50	竞争性谈判	完成
1B	庄浪县农业生产资料有限责任公司	JNJHF04	化肥采购	454212.00	竞争性谈判	完成
武都区						
1B	陇南市武都区柏林乡	WDJ01	经济林栽植	229700	自营工程	完成
1B	龙坝乡	WDJ01	经济林栽植	301200	自营工程	完成
1B	黄坪乡	WDJ01	经济林栽植	286300	自营工程	完成
1B	黄坪乡	WDJ01	经济林栽植	241600	自营工程	完成
1B	黄坪乡	WDJ01	经济林栽植	313200	自营工程	完成
1B	黄坪乡	WDJ01	经济林栽植	248600	自营工程	完成
1B	安化镇	WDJ01	经济林栽植	321600	自营工程	完成
1B	隆兴乡	WDJ01	经济林栽植	647000	自营工程	完成
1B	隆兴乡	WDJ01	经济林栽植	663600	自营工程	完成
1B	隆兴乡	WDJ01	经济林栽植	622000	自营工程	完成
1B	甘泉镇	WDJ01	经济林栽植	574100	自营工程	完成
1B	甘泉镇	WDJ01	经济林栽植	382700	自营工程	完成
1B	甘泉镇	WDJ01	经济林栽植	675600	自营工程	完成
1B	甘泉镇	WDJ01	经济林栽植	454600	自营工程	完成
1B	甘泉镇	WDJ01	经济林栽植	562100	自营工程	完成
1B	甘泉镇	WDJ01	经济林栽植	681000	自营工程	完成
1B	甘泉镇	WDJ01	经济林栽植	639900	自营工程	完成

（续）

类别编号	受益实体	合同号	合同内容	合同金额（元）	采购方式	完成情况
1B	甘泉镇	WDJ01	经济林栽植	538200	自营工程	完成
1B	甘泉镇	WDJ01	经济林栽植	310900	自营工程	完成
1B	佛崖乡	WDJ01	经济林栽植	446200	自营工程	完成
1B	龙坝乡	WDJ01	经济林栽植	257300	自营工程	完成
1B	龙坝乡	WDJ01	经济林栽植	648200	自营工程	完成
1B	龙坝乡	WDJ01	经济林栽植	616100	自营工程	完成
1B	安化镇	WDJ01	经济林栽植	505300	自营工程	完成
1B	安化镇	WDJ01	经济林栽植	610000	自营工程	完成
1B	安化镇	WDJ01	经济林栽植	666000	自营工程	完成
1B	安化镇	WDJ01	经济林栽植	599300	自营工程	完成
1B	安化镇	WDJ01	经济林栽植	646000	自营工程	完成
1B	安化镇	WDJ01	经济林栽植	293000	自营工程	完成
1B	安化镇	WDJ01	经济林栽植	454500	自营工程	完成
1B	安化镇	WDJ01	经济林栽植	687800	自营工程	完成
1B	佛崖乡	WDJ01	经济林栽植	328900	自营工程	完成
1B	佛崖乡	WDJ01	经济林栽植	502400	自营工程	完成
1B	佛崖乡	WDJ01	经济林栽植	329000	自营工程	完成
1B	佛崖乡	WDJ01	经济林栽植	478500	自营工程	完成
庆城县						
1B	驿马镇上关村	QCJ-001	营造经济林苹果	124500	自营工程	完成
1B	驿马镇太乐村	QCJ-002	营造经济林苹果	124500	自营工程	完成
1B	驿马镇驿马村	QCJ-003	营造经济林苹果	124500	自营工程	完成
1B	驿马镇儒林村	QCJ-004	营造经济林苹果	149400	自营工程	完成
1B	驿马镇韦老庄村	QCJ-005	营造经济林苹果	149400	自营工程	完成
1B	驿马镇韦老庄村	QCJ-006	营造经济林苹果	174300	自营工程	完成
1B	驿马镇熊家庙村	QCJ-007	营造经济林苹果	149400	自营工程	完成
1B	驿马镇花园村	QCJ-008	营造经济林苹果	99600	自营工程	完成
1B	驿马镇李庄村	QCJ-009	营造经济林苹果	149400	自营工程	完成
1B	驿马镇钱家畔村	QCJ-010	营造经济林苹果	99600	自营工程	完成
1B	驿马镇瓦窑咀村	QCJ-011	营造经济林苹果	174300	自营工程	完成
1B	驿马佛寺肴村、庆城封家洞村	QCJ-012	营造经济林苹果	111540	自营工程	完成

（续）

类别编号	受益实体	合同号	合同内容	合同金额（元）	采购方式	完成情况
1B	庆城镇店子坪村	QCJ-013	营造苹果经济林	111540	自营工程	完成
1B	南庄乡丰台村	QCJ-014	营造苹果经济林	81120	自营工程	完成
1B	南庄乡东塬村	QCJ-015	营造苹果经济林	104780	自营工程	完成
1B	南庄乡新庄村	QCJ-016	营造苹果经济林	101400	自营工程	完成
1B	南庄乡新庄村	QCJ-017	营造苹果经济林	84500	自营工程	完成
1B	赤城乡范村	QCJ-018	营造苹果经济林	149400	自营工程	完成
1B	赤城乡白窑村	QCJ-019	营造苹果经济林	174300	自营工程	完成
1B	赤城乡黄冢子村	QCJ-020	营造苹果经济林	149400	自营工程	完成
1B	赤城乡新庄村	QCJ-021	营造苹果经济林	149400	自营工程	完成
1B	白马乡三里店村	QCJ-022	营造苹果经济林	27040	自营工程	完成
1B	驿马镇安家寺村	QCJ-023	营造苹果经济林	40560	自营工程	完成
1B	驿马镇南极庙村	QCJ-024	营造苹果经济林	118300	自营工程	完成
1B	马岭镇岳塬村	QCJ-025	营造苹果经济林	152100	自营工程	完成
1B	马岭镇岳塬村	QCJ-026	营造苹果经济林	152100	自营工程	完成
1B	白马乡三里店村	QCJ-027	营造苹果经济林	149400	自营工程	完成
1B	白马乡王畔村	QCJ-028	营造苹果经济林	99600	自营工程	完成
1B	白马乡顾旗村	QCJ-029	营造苹果经济林	199200	自营工程	完成
1B	白马乡白马村	QCJ-030	营造苹果经济林	174300	自营工程	完成
1B	白马乡坳子村	QCJ-031	营造苹果经济林	149400	自营工程	完成
1B	白马乡高户村	QCJ-032	营造苹果经济林	99600	自营工程	完成
1B	高楼乡苏店村、杨塬村	QCJ-033	营造苹果经济林	224100	自营工程	完成
1B	高楼乡王塬村、花村	QCJ-034	营造苹果经济林	224100	自营工程	完成
1B	高楼乡丁堡村	QCJ-035	营造苹果经济林	124500	自营工程	完成
1B	高楼乡高楼村	QCJ-036	营造苹果经济林	149400	自营工程	完成
1B	南庄乡丰台村	QCJ-037	营造苹果经济林	81120	自营工程	完成
1B	农户	QCJ-MM01	苗木采购	544500	询价采购	完成
1B	农户	QCJ-MM02	苗木采购	519750	询价采购	完成
1B	农户	QCJ-MM03	苗木采购	589125	询价采购	完成
1B	农户	QCJ-MM04	苗木采购	433125	询价采购	完成
1B	农户	QCJ-MM05	苗木采购	358875	询价采购	完成
1B	农户	QCJ-MM06	苗木采购	381150	询价采购	完成

（续）

类别编号	受益实体	合同号	合同内容	合同金额（元）	采购方式	完成情况
1B	农户	QCJ-MM07	苗木采购	91350	询价采购	完成
1B	农户	QCJ-MM08	苗木采购	91350	询价采购	完成
1B	农户	QCJ-MM09	苗木采购	410850	询价采购	完成
1B	农户	QCJ-MM10	苗木采购	491775	询价采购	完成
1B	农户	QCJ-MM11	苗木采购	342375	询价采购	完成
1B	农户	QCJ-MM12	苗木采购	126000	询价采购	完成
1B	农户	QCJ-HF01	化肥采购	201300	询价采购	完成
1B	农户	QCJ-HF02	化肥采购	198000	询价采购	完成
1B	农户	QCJ-HF03	化肥采购	95700	询价采购	完成
1B	农户	QCJ-HF04	化肥采购	95700	询价采购	完成
1B	农户	QCJ-HF05	化肥采购	127600	询价采购	完成
1B	农户	QCJ-HF06	化肥采购	132000	询价采购	完成
1B	农户	QCJ-HF07	化肥采购	303600	询价采购	完成
1B	农户	QCJ-HF08	化肥采购	356400	询价采购	完成
1B	农户	QCJ-HF09	化肥采购	176000	询价采购	完成
1B	农户	QCJ-NY01	农药采购	112500	询价采购	完成
1B	农户	QCJ-NY02	农药采购	21750	询价采购	完成
1B	农户	QCJ-NY03	农药采购	30000	询价采购	完成
1A	驿马镇韦老庄村	QCS-01	营造生态林	270000	询价采购	完成
1A	驿马镇韦老庄村	QCS-MM01	苗木采购	230400	询价采购	完成
1A	驿马镇韦老庄村	QCS-HF01	化肥采购	49140	询价采购	完成
1A	驿马镇韦老庄村	QCS-HF02	化肥采购	15160	询价采购	完成
1A	驿马镇韦老庄村	QCS-HF03	化肥采购	20000	询价采购	完成
永靖县						
1B	三条岘乡三条岘村	yjj001	苗木费，肥料农药劳务费	525600	自营工程	完成
1B	三条岘乡三条岘、塔什堡村	yjj002	苗木费，肥料农药劳务费	542100	自营工程	完成
1B	三条岘乡塔什堡村	yjj003	苗木费，肥料农药劳务费	525600	自营工程	完成
1B	三条岘乡塔什堡村	yjj004	苗木费，肥料农药劳务费	574800	自营工程	完成
1B	三条岘乡塔什堡村、下庄村	yjj005	苗木费，肥料农药劳务费	591200	自营工程	完成
1B	三条岘乡下庄村	yjj006	苗木费，肥料农药劳务费	591200	自营工程	完成

（续）

类别编号	受益实体	合同号	合同内容	合同金额（元）	采购方式	完成情况
1B	三条岘乡青河村	yjj007	苗木费，肥料农药劳务费	591200	自营工程	完成
1B	三条岘乡青河村、红岘子村	yjj008	苗木费，肥料农药劳务费	525600	自营工程	完成
1B	三条岘乡红岘子村、大地坪村	yjj009	苗木费，肥料农药劳务费	525600	自营工程	完成
1B	三条岘乡大地坪村	yjj010	苗木费，肥料农药劳务费	591200	自营工程	完成
1B	三条岘乡大地坪村	yjj011	苗木费，肥料农药劳务费	509200	自营工程	完成
1B	三条岘乡大地坪村	yjj012	苗木费，肥料农药劳务费	574800	自营工程	完成
1B	三塬镇新建村	yjj013	苗木费，肥料农药劳务费	526200	自营工程	完成
1B	三塬镇新建村、两合村、塬中村	yjj014	苗木费，肥料农药劳务费	557400	自营工程	完成
1B	三塬镇光辉村、尤家塬村	yjj015	苗木费，肥料农药劳务费	591200	自营工程	完成
1B	岘塬镇光辉村、岘塬村	yjj016	苗木费，肥料农药劳务费	573800	自营工程	完成
1B	岘塬镇岘塬村、尤家塬村	yjj017	苗木费，肥料农药劳务费	573800	自营工程	完成
1B	岘塬镇岘塬村、尤家塬村	yjj018	苗木费，肥料农药劳务费	591200	自营工程	完成
1B	西河镇红城寺村、沈王村、陈家湾村	yjj019	苗木费，肥料农药劳务费	541000	自营工程	完成
1B	红泉镇金家塬村	yjj020	苗木费，肥料农药劳务费	344300	自营工程	完成
1B	红泉镇金家塬村	yjj021	苗木费，肥料农药劳务费	426200	自营工程	完成
1B	陈井镇仁和村	yjj022	苗木费，肥料农药劳务费	456900.00	自营工程	完成
1B	陈井镇仁和村	yjj023	苗木费，肥料农药劳务费	431500.00	自营工程	完成
1B	刘家峡镇罗川村	yjj024	苗木费，肥料农药劳务费	491790.00	自营工程	完成
1B	太极镇大庄村	yjj025	苗木费，肥料农药劳务费	213109.00	自营工程	完成
1B	太极镇白川村	yjj026	苗木费，肥料农药劳务费	245895.00	自营工程	完成
1B	盐锅峡镇上铨村	yjj027	苗木费，肥料农药劳务费	491790.00	自营工程	完成
1B	三塬镇新建村	yjj028	苗木费，肥料农药劳务费	524576.00	自营工程	完成
1B	三塬镇刘家塬村	yjj029	苗木费，肥料农药劳务费	557362.00	自营工程	完成
1B	三塬镇刘家塬村、向阳村	yjj030	苗木费，肥料农药劳务费	442611.00	自营工程	完成

（续）

类别编号	受益实体	合同号	合同内容	合同金额（元）	采购方式	完成情况
1B	三塬镇塬中村	yjj031	苗木费，肥料农药劳务费	590148.00	自营工程	完成
1B	三塬镇塬中村、高白村	JNJ032	苗木费，肥料农药劳务费	540969.00	自营工程	完成
1B	西河镇陈家湾村	JNJ033	苗木费，肥料农药劳务费	475397.00	自营工程	完成
1B	西河镇沈王村	JNJ034	苗木费，肥料农药劳务费	262288.00	自营工程	完成
华亭县						
1B	华亭县林木种子工作站	HTJ01-MM-HTJ10-MM	苗木	1240815.00	询价	完成
1B	华亭县西华镇裕民村富裕养殖合作社	HTJ01-JF-HTJ10-JF	厩肥	376005.00	询价	完成
1B	华亭县供销社农资配送中心	HTJ01-NY-HTJ10-NY	农药	75201.00	询价	完成
1B	农户	HTJ01-HTJ10	经济林建设	376000.00	自营工程	完成
1B	华亭县林木种子工作站	HTJ11-MM-HTJ27MM	苗木	2167260.00	询价	完成
1B	华亭县西华镇裕民村富裕养殖合作社	HTJ11JF-HTJ27JF	厩肥	656745.00	询价	完成
1B	华亭县供销社农资配送中心	HTJ11-NY-HTJ27-NY	农药	131349.00	询价	完成
1B	农户	HTJ011-HTJ027	经济林建设	656745.00	自营工程	完成
1B	眉县恒丰核桃产业合作社	HTJ28-MM-HTJ39-MM	苗木	1633497.00	询价	完成
1B	华亭县海森养殖有限责任公司	HTJ28-JF-HTJ39-JF	厩肥	495000.00	询价	完成
1B	华亭县金种子良种经销部	HTJ28-NY-HTJ39-NY	农药	99000.00	询价	完成
1B	农户	HTJ28-HTJ39	经济林建设	495000.00	自营工程	完成
1B	华亭县长鑫商贸有限公司	HTJ01-NY-HTJ27-NY	农药	103282.00	询价	完成
1B	眉县恒丰核桃专业合作社	HTYHMM01-HTJ27-MM	苗木	774570.00	询价	完成
1B	华亭县威农商贸有限公司	HTJ01-HF-HTJ27-HF	化肥	795219.00	询价	完成
1B	农户	HTJ001-HTJ027	经济林建设	1204875.00	自营工程	完成
1B	华亭县长鑫商贸有限公司	HTJ028-NY-HTJ039-NY	农药	49500.00	询价	完成
1B	眉县恒丰核桃专业合作社	HTYHMM28-HTYHMM39	苗木	371250.00	询价	完成
1B	华亭县威农商贸有限公司	HTJ028-HF-HTJ039-HF	化肥	381150.00	询价	完成

（续）

类别编号	受益实体	合同号	合同内容	合同金额（元）	采购方式	完成情况
1B	农户	HTJ028-HTJ039	经济林建设	577500.00	自营工程	完成
通渭县						
1D	平襄镇宋堡村	TWS-01	造林、苗木	324200	询价、自营工程	完成
1D	平襄镇宋堡村	TWS-02	造林、苗木	500900	询价、自营工程	完成
1D	平襄镇宋堡村、平襄镇温泉村	TWS-03	造林、苗木	587800	询价、自营工程	完成
1D	平襄镇温泉村	TWS-04	造林、苗木	302100	询价、自营工程	完成
1D	平襄镇温泉村	TWS-05	造林、苗木	597600	询价、自营工程	完成
1D	平襄镇温泉村	TWS-06	造林、苗木	662700	询价、自营工程	完成
1D	平襄镇温泉村	TWS-07	造林、苗木	435300	询价、自营工程	完成
1D	平襄镇兴隆村	TWS-08	造林、苗木	536000	询价、自营工程	完成
1D	平襄镇中林村	TWS-09	造林、苗木	682200	询价、自营工程	完成
1D	平襄镇中林村	TWS-10	造林、苗木	657500	询价、自营工程	完成
1D	平襄镇中林村	TWS-11	造林、苗木	609400	询价、自营工程	完成
1D	三铺乡侯坡村	TWS-12	造林、苗木	682800	询价、自营工程	完成
1D	三铺乡侯坡村	TWS-13	造林、苗木	291700	询价、自营工程	完成
1D	三铺乡三铺村	TWS-14	造林、苗木	563300	询价、自营工程	完成
1D	三铺乡三铺村、三铺乡陈沟村	TWS-15	造林、苗木	525500	询价、自营工程	完成
1D	三铺乡陈沟村	TWS-16	造林、苗木	470400	询价、自营工程	完成
1D	三铺乡小岔村	TWS-17	造林、苗木	487300	询价、自营工程	完成
1D	三铺乡万岔村	TWS-18	造林、苗木	476800	询价、自营工程	完成
1D	三铺乡万岔村	TWS-19	造林、苗木	368300	询价、自营工程	完成
1D	三铺乡万岔村	TWS-20	造林、苗木	421700	询价、自营工程	完成
1D	襄南乡杨堡村	TWS-21	造林、苗木	487300	询价、自营工程	完成
1D	襄南乡杨堡村	TWS-22	造林、苗木	487200	询价、自营工程	完成

（续）

类别编号	受益实体	合同号	合同内容	合同金额（元）	采购方式	完成情况
1D	襄南乡王岔村	TWS-23	造林、苗木	487300	询价、自营工程	完成
1D	襄南乡王岔村	TWS-24	造林、苗木	487200	询价、自营工程	完成
1D	襄南乡祈庄村	TWS-25	造林、苗木	458000	询价、自营工程	完成
1D	襄南乡瓦撒村	TWS-26	造林、苗木	350800	询价、自营工程	完成
1D	襄南乡瓦撒村	TWS-27	造林、苗木	428800	询价、自营工程	完成
1D	李店乡坪合村	TWS-28	造林、苗木	584700	询价、自营工程	完成
1D	李店乡坪合村	TWS-29	造林、苗木	584700	询价、自营工程	完成
崆峒区						
1A	崆峒区麻武乡	KTS01	生态林栽植	432226.00	自营工程	完成
1A	崆峒区麻武乡	KTS02	生态林栽植	116160.00	自营工程	完成
1A	崆峒区麻武乡	KTS03	生态林栽植	490042.00	自营工程	完成
1A	柳湖乡	KTS04	生态林栽植	264000.00	自营工程	完成
1A	大寨乡	KTS05	生态林栽植	499566.00	自营工程	完成
1A	大寨乡	KTS06	生态林栽植	497200.00	自营工程	完成
1A	大寨乡	KTS07	生态林栽植	559680.00	自营工程	完成
1A	崆峒区崆峒镇	KTS08	生态林栽植	528000.00	自营工程	完成
1A	柳湖镇	KTS09	生态林栽植	176000.00	自营工程	完成
1A	柳湖乡	KTS10	生态林栽植	264000.00	自营工程	完成
1A	柳湖乡	KTS11	生态林栽植	352000.00	自营工程	完成
1A	大寨乡	KTJ01	经济林栽植	365934.63	自营工程	完成
1B	四十里铺镇	KTJ02	经济林栽植	447410.91	自营工程	完成
1B	四十里铺镇	KTJ03	经济林栽植	131359.71	自营工程	完成
1B	草峰镇	KTJ04	经济林栽植	508481.22	自营工程	完成
1B	草峰镇	KTJ05	经济林栽植	216571.89	自营工程	完成
1B	草峰镇	KTJ06	经济林栽植	209250.00	自营工程	完成
1B	白庙乡	KTJ07	经济林栽植	348403.11	自营工程	完成
1B	白庙乡	KTJ08	经济林栽植	418500.00	自营工程	完成
1B	白庙乡	KTJ09	经济林栽植	494878.11	自营工程	完成
1B	香莲乡	KTJ10	经济林栽植	150660.93	自营工程	完成

（续）

类别编号	受益实体	合同号	合同内容	合同金额（元）	采购方式	完成情况
1B	香莲乡	KTJ11	经济林栽植	389203.14	自营工程	完成
1B	香莲乡	KTJ12	经济林栽植	116137.47	自营工程	完成
1B	索罗乡	KTJ13	经济林栽植	236456.23	自营工程	完成
1B	寨河乡	KTJ14	经济林栽植	348398.46	自营工程	完成
1B	寨河乡	KTJ15	经济林栽植	277256.26	自营工程	完成
1B	崆峒镇	KTJ16	经济林栽植	226172.27	自营工程	完成
1B	崆峒镇	KTJ17	经济林栽植	429632.06	自营工程	完成
1B	寨河乡	KTJ18	经济林栽植	148204.83	自营工程	完成
1B	花所乡	KTJ19	经济林栽植	249167.43	自营工程	完成
1B	大寨乡	KTJ20	经济林栽植	308460.61	自营工程	完成
1B	大寨乡	KTJ21	经济林栽植	364952.46	自营工程	完成
1B	大寨乡	KTJ22	经济林栽植	265841.47	自营工程	完成
1B	大寨乡	KTJ23	经济林栽植	185256.00	自营工程	完成
1B	大寨乡	KTJ24	经济林栽植	345503.37	自营工程	完成
1B	大寨乡	KTJ25	经济林栽植	275104.23	自营工程	完成
1B	大寨乡	KTJ26	经济林栽植	252875.37	自营工程	完成
1B	草峰镇	KTJ27	经济林栽植	162099.00	自营工程	完成
1B	草峰镇	KTJ28	经济林栽植	111153.60	自营工程	完成
1B	安国乡	KTJ29	经济林栽植	317714.97	自营工程	完成
1B	安国乡	KTJ30	经济林栽植	305672.40	自营工程	完成
1B	香莲乡	KTJ31	经济林栽植	117636.63	自营工程	完成
1B	索罗乡	KTJ32	经济林栽植	348283.14	自营工程	完成
1B	寨河乡	KTJ33	经济林栽植	333460.80	自营工程	完成
宁县						
1B	宁县中村乡苏韩村	NXJ01	营造苹果经济林	244101.60	自营工程	完成
1B	宁县中村乡苏韩村	NXJ02	营造苹果经济林	240602.40	自营工程	完成
1B	宁县中村乡刘家村	NXJ03	营造苹果经济林	207360.00	自营工程	完成
1B	宁县中村乡刘家村	NXJ04	营造苹果经济林	226346.40	自营工程	完成
1B	宁县盘克镇界村村	NXJ05	营造苹果经济林	255765.60	自营工程	完成
1B	宁县盘克镇界村村	NXJ06	营造苹果经济林	68234.40	自营工程	完成
1B	宁县盘克镇段堡村	NXJ07	营造苹果经济林	307994.40	自营工程	完成

（续）

类别编号	受益实体	合同号	合同内容	合同金额（元）	采购方式	完成情况
1B	宁县盘克镇胡堡村	NXJ08	营造苹果经济林	185716.80	自营工程	完成
1B	宁县盘克镇胡堡村	NXJ09	营造苹果经济林	229003.20	自营工程	完成
1B	宁县盘克镇咀头村	NXJ10	营造苹果经济林	198741.60	自营工程	完成
1B	宁县盘克镇班北村	NXJ11	营造苹果经济林	259200.00	自营工程	完成
1B	宁县盘克镇班北村	NXJ12	营造苹果经济林	115344.00	自营工程	完成
1B	宁县盘克镇岘头村	NXJ13	营造苹果经济林	122860.80	自营工程	完成
1B	宁县盘克镇形赤村	NXJ14	营造苹果经济林	115084.80	自营工程	完成
1B	宁县焦村乡袁马村	NXJ15	营造苹果经济林	239371.20	自营工程	完成
1B	宁县焦村乡袁马村	NXJ16	营造苹果经济林	234122.40	自营工程	完成
1B	宁县良平乡良平村	NXJ17	营造苹果经济林	171979.20	自营工程	完成
1B	宁县良平乡丰乐村	NXJ18	营造苹果经济林	81194.40	自营工程	完成
1B	宁县平子镇平子村	NXJ19	营造苹果经济林	129600.00	自营工程	完成
1B	宁县平子镇仙灵村	NXJ20	营造苹果经济林	129600.00	自营工程	完成
1B	宁县平子镇袁家村	NXJ21	营造苹果经济林	162842.40	自营工程	完成
1B	宁县春荣乡佛堂村	NXJ22	营造苹果经济林	166341.60	自营工程	完成
1B	宁县春荣乡佛堂村	NXJ23	营造苹果经济林	166795.20	自营工程	完成
1B	宁县湘乐镇朱家村	NXJ24	营造苹果经济林	111002.40	自营工程	完成
1B	宁县湘乐镇堡子村	NXJ25	营造苹果经济林	229780.80	自营工程	完成
1B	宁县湘乐镇南仓村	NXJ26	营造苹果经济林	228549.60	自营工程	完成
1B	宁县和盛镇范家村	NXJ27	营造苹果经济林	129600.00	自营工程	完成
1B	宁县米桥乡老庙村	NXJ28	营造苹果经济林	166795.20	自营工程	完成
1B	宁县米桥乡老庙村	NXJ29	营造苹果经济林	247989.60	自营工程	完成
1B	宁县平子镇惠堡村	NXJ30	营造苹果经济林	194400.00	自营工程	完成
1B	宁县新宁镇巩范村	NXJ31	营造苹果经济林	227188.80	自营工程	完成
1B	宁县新宁镇巩范村	NXJ32	营造苹果经济林	108864.00	自营工程	完成
1B	宁县和盛镇杨庄村	NXJ33	营造苹果经济林	175867.20	自营工程	完成
1B	宁县焦村乡街上村	NXJ34	营造苹果经济林	129600.00	自营工程	完成
1B	宁县米桥乡孟家村	NXJ35	营造苹果经济林	192261.60	自营工程	完成
1B	宁县米桥乡高仓村	NXJ36	营造苹果经济林	121370.40	自营工程	完成
1B	宁县米桥乡安子村	NXJ37	营造苹果经济林	79898.40	自营工程	完成
1B	宁县米桥乡宋家村	NXJ38	营造苹果经济林	212544.00	自营工程	完成

（续）

类别编号	受益实体	合同号	合同内容	合同金额（元）	采购方式	完成情况
1B	宁县米桥乡冯堡村	NXJ39	营造苹果经济林	141717.60	自营工程	完成
1B	宁县米桥乡常邑村	NXJ40	营造苹果经济林	101088.00	自营工程	完成
1B	甘肃绿林生态园林有限公司	NXJ-MM01	采购苹果苗木	529995.00	询价采购	完成
1B	宁县北辰种苗繁育有限公司	NXJ-MM02	采购苹果苗木	520005.00	询价采购	完成
1B	宁县北辰种苗繁育有限公司	NXJ-MM03	采购苹果苗木	314160.00	询价采购	完成
1B	甘肃绿林生态园林有限公司	NXJ-MM04	采购苹果苗木	437640.00	询价采购	完成
1B	宁县北辰种苗繁育有限公司	NXJ-MM05	采购苹果苗木	500980.00	询价采购	完成
1B	甘肃绿林生态园林有限公司	NXJ-MM06	采购苹果苗木	591020.00	询价采购	完成
1B	宁县北辰种苗繁育有限公司	NXJ-MM07	采购苹果苗木	588000.00	询价采购	完成
1B	宁县北辰种苗繁育有限公司	NXJ-MM01	采购苹果苗木	547725.00	询价采购	完成
1B	甘肃绿林生态园林有限公司	NXJ-MM02	采购苹果苗木	570490.00	询价采购	完成
1B	宁县北辰种苗繁育有限公司	NXJ-MM03	采购苹果苗木	188285.00	询价采购	完成
1B	宁县陇辉果树栽植农民专业合作社	NXJ-MMBZ01	采购苹果苗木	522270.00	询价采购	完成
1B	宁县陇辉果树栽植农民专业合作社	NXJ-MMBZ02	苹果苗木	163800.00	询价采购	完成
1B	宁县腾达庄稼医院郭立儒	NXJ-HF01	采购化肥磷酸二铵	547140.00	询价采购	完成
1B	宁县瓦斜乡金桥果业农民专业合作社	NXJ-HF02	采购化肥磷酸二铵	455490.00	询价采购	完成
1B	宁县腾达庄稼医院郭立儒	NXJ-HF03	采购化肥磷酸二铵	404670.00	询价采购	完成
1B	宁县莉源农资农民专业合作社	NXJ-HF04	采购化肥磷酸二铵	228800.00	询价采购	完成
1B	宁县莉源农资农民专业合作社	NXJ-NY01	采购农药70%甲基硫菌灵可湿性粉剂、10%啶虫脒乳油	163350.00	询价采购	完成
1A	宁县绿塬栽植农民专业合作社	NXS-MM01	采购油松、沙棘苗	288000.00	询价采购	完成
1A	宁县湘乐镇方寨村	NXS01	营造生态林（油松、沙棘）	144900.00	自营工程	完成
1A	宁县湘乐镇方寨村	NXS02	营造生态林（油松、沙棘）	192600.00	自营工程	完成
1A	宁县腾达庄稼医院郭立儒	NXS-HF01	采购化肥尿素	61425.00	询价采购	完成
1A	宁县腾达庄稼医院郭立儒	NXS-HF02	采购化肥尿素	43920.00	询价采购	完成
西峰						
1B	温泉乡米堡村农户	XFJ01	整地费、栽植费、抚育费	68112.40	自营工程	已完成

（续）

类别编号	受益实体	合同号	合同内容	合同金额（元）	采购方式	完成情况
1B	温泉乡齐楼村农户	XFJ02	整地费、栽植费、抚育费	81291.20	自营工程	已完成
1B	温泉乡齐楼村农户	XFJ03	整地费、栽植费、抚育费	80238.40	自营工程	已完成
1B	温泉乡齐楼村	XFJ04	整地费、栽植费、抚育费	70744.40	自营工程	已完成
1B	肖金镇南李村、左咀村农户	XFJ05	整地费、栽植费、抚育费	78696.80	自营工程	已完成
1B	肖金镇左咀村农户	XFJ06	整地费、栽植费、抚育费	86480.00	自营工程	已完成
1B	温泉乡齐楼村农户	XFJ07	整地费、栽植费、抚育费	23424.80	自营工程	已完成
1B	肖金镇脱坳村农户	XFJ08	整地费、栽植费、抚育费	57020.40	自营工程	已完成
1B	温泉乡湫沟村农户	XFJ09	整地费、栽植费、抚育费	49368.80	自营工程	已完成
1B	肖金镇王米村农户	XFJ10	整地费、栽植费、抚育费	60799.20	自营工程	已完成
1B	肖金镇漳水村农户	XFJ11	整地费、栽植费、抚育费	49763.60	自营工程	已完成
1B	温泉乡齐楼村农户	XFJ12	整地费、栽植费、抚育费	21620.00	自营工程	已完成
1B	肖金镇王庄村农户	XFJ13	整地费、栽植费、抚育费	15040.00	自营工程	已完成
1B	什社乡庆丰村、三姓村农户	XFJ-14	整地费、栽植费、抚育费	507960.00	自营工程	已完成
1B	什社乡塔头村、什丰村农户	XFJ-15	整地费、栽植费、抚育费	239040.00	自营工程	已完成
1B	什社乡李岭村、新兴村、永丰村、任岭村、文安村、新庄村农户	XFJ-16	整地费、栽植费、抚育费	516924.00	自营工程	已完成
1B	董志镇庄子洼村农户	XFJ-17	整地费、栽植费、抚育费	369018.00	自营工程	已完成
1B	董志镇罗杭村、田畔村、庄头村农户	XFJ-18	整地费、栽植费、抚育费	385950.00	自营工程	已完成
1B	显胜乡显胜村、铁楼村农户	XFJ-19	整地费、栽植费、抚育费	273402.00	自营工程	已完成
1B	显胜乡夏刘村、岳岭村、唐苟村、冉李村农户	XFJ-20	整地费、栽植费、抚育费	533856.00	自营工程	已完成
1B	彭原乡周寨村农户	XFJ-21	整地费、栽植费、抚育费	525888.00	自营工程	已完成
1B	彭原乡顾咀村、杨坳村农户	XFJ-22	整地费、栽植费、抚育费	136950.00	自营工程	已完成
1B	后官寨乡沟畎村、帅堡村、路堡村、司官寨村农户	XFJ-23	整地费、栽植费、抚育费	457662.00	自营工程	已完成
1B	温泉乡、肖金镇农户	XFJ001-YJF	整地费、栽植费、抚育费	592500.00	自营工程	已完成

（续）

类别编号	受益实体	合同号	合同内容	合同金额（元）	采购方式	完成情况
1B	什社乡、董志镇、彭原镇、后官寨镇、显胜乡农户	XFJ001-WZ	农药化肥	523045.25	招标采购	已完成
1B	什社乡、董志镇、彭原镇、后官寨镇、显胜乡农户	XFJ002-WZ	农药化肥	356748.00	招标采购	已完成
1B	什社乡、董志镇、彭原镇、后官寨镇、显胜乡农户	XFJ003-WZ	农药化肥	340650.24	招标采购	已完成
1B	什社乡、董志镇、彭原镇、后官寨镇、显胜乡农户	XFJ004-WZ	农药化肥	118881.00	招标采购	已完成
1B	温泉乡、肖金镇农户	XFJ001MM	苹果苗木	361290.00	询价采购	已完成
1B	温泉乡、肖金镇农户	XFJ002-MM	苹果苗木	652735.00	询价采购	已完成
1B	肖金镇农户	XFJ003MM	苹果苗木	161270.00	询价采购	已完成
1B	肖金镇农户	XFJ004MM	苹果苗木	229345.00	询价采购	已完成
1B	温泉乡农户	XFJ005-MM	苹果苗木	254360.00	询价采购	已完成
1B	什社乡庆丰村、三姓村农户	XFJ006-MM	苹果苗木	428400.00	询价采购	已完成
1B	什社乡任岭村、文安村、李岭村、永丰村、新兴村、新庄村农户	XFJ007-MM	苹果苗木	557520.00	询价采购	已完成
1B	董志镇庄子洼村、罗杭村、田畔村、庄头村农户	XFJ008-MM	苹果苗木	484750.00	询价采购	已完成
1B	显胜乡显胜村、铁楼村、唐荀村、岳岭村、夏刘村、冉李村农户	XFJ009-MM	苹果苗木	491415.00	询价采购	已完成
1B	彭原镇周寨村、顾咀村、杨坳村农户	XFJ010-MM	苹果苗木	559020.00	询价采购	已完成
1B	后官寨镇沟畎村、帅堡村、路堡村、司官寨村农户	XFJ011-MM	苹果苗木	376895.00	询价采购	已完成
1B	温泉乡、肖金镇农户	XFJ012-MM	苹果苗木	381130.95	招标采购	已完成
1B	什社乡、彭原镇、后官寨镇、显胜乡农户	XFJ013-MM	苹果苗木	366988.82	招标采购	已完成
1B	什社乡文安村农户	XFS01	苗木费、整地费、栽植费、抚育、材料费	194900.00	询价采购	已完成
1B	肖金镇双桐村农户	XFS02	苗木费、整地费、栽植费、抚育、材料费	584700.00	询价采购	已完成
徽县						
1B	徽县柳林镇峡口村	HXJ-MM01	苗木	196862.4	询价	完成
1B	徽县柳林镇峡口村	HXJ-NY01	农药	7812	询价	完成
1B	徽县柳林镇峡口村	HXJ01	造林	84630	询价	完成
1B	徽县柳林镇峡口村	HXJ-MM01	苗木	161708.4	询价	完成
1B	徽县柳林镇峡口村	HXJ-NY02	农药	6417	询价	完成

（续）

类别编号	受益实体	合同号	合同内容	合同金额（元）	采购方式	完成情况
1B	徽县柳林镇峡口村	HXJ02	造林	695175	询价	完成
1B	徽县柳林镇峡口村	HXJ-MM02	苗木	161708.4	询价	完成
1B	徽县柳林镇峡口村	HXJ-NY02	农药	6417.	询价	完成
1B	徽县柳林镇峡口村	HXJ03	造林	69517.5	询价	完成
1B	徽县柳林镇峡口村	HXJ-MM03	苗木	182800.8	询价	完成
1B	徽县柳林镇峡口村	HXJ-NY04	农药	7254	询价	完成
1B	徽县柳林镇峡口村	HXJ04	造林	78585	询价	完成
1B	徽县柳林镇杏树村	HJ05	苗木	191940.84	询价	完成
1B	徽县柳林镇杏树村	HJ05	农药	7616.7	询价	完成
1B	徽县柳林镇杏树村	HJ05	造林	82514.25	询价	完成
1B	徽县柳林镇杏树村	HJ06	苗木	228501	询价	完成
1B	徽县柳林镇杏树村	HJ06	农药	9067.5	询价	完成
1B	徽县柳林镇杏树村	HJ06	造林	98231.25	询价	完成
1B	徽县柳林镇杏树村	HJ07	苗木	198268.56	询价	完成
1B	徽县柳林镇杏树村	HJ07	农药	7867.8	询价	完成
1B	徽县柳林镇杏树村	HJ07	造林	85234.5	询价	完成
1B	徽县柳林镇杏树村	HJ08	苗木	229907.16	询价	完成
1B	徽县柳林镇杏树村	HJ08	农药	9123.3	询价	完成
1B	徽县柳林镇杏树村	HJ08	造林	98835.75	询价	完成
1B	徽县柳林镇杏树村	HJ09	苗木	215142.48	询价	完成
1B	徽县柳林镇杏树村	HJ09	农药	8537.4	询价	完成
1B	徽县柳林镇杏树村	HJ09	造林	92488.5	询价	完成
1B	徽县柳林镇江口村	HJ10	苗木	196862.4	询价	完成
1B	徽县柳林镇江口村	HJ10	农药	7812	询价	完成
1B	徽县柳林镇江口村	HJ10	造林	84630	询价	完成
1B	徽县银杏乡峡门村	HJ11	苗木	299512.08	询价	完成
1B	徽县银杏乡峡门村	HJ11	农药	11885.4	询价	完成
1B	徽县银杏乡峡门村	HJ11	造林	128758.5	询价	完成
1B	徽县银杏乡峡门村	HJ12	苗木	319901.40	询价	完成
1B	徽县银杏乡峡门村	HJ12	农药	12694.5	询价	完成
1B	徽县银杏乡峡门村	HJ12	造林	137523.75	询价	完成

（续）

类别编号	受益实体	合同号	合同内容	合同金额（元）	采购方式	完成情况
1B	徽县银杏乡峡门村	HJ13	苗木	229204.08	询价	完成
1B	徽县银杏乡峡门村	HJ13	农药	9095.4	询价	完成
1B	徽县银杏乡峡门村	HJ13	造林	98533.5	询价	完成
1B	徽县柳林镇杏树村	HJ14	苗木	325526.04	询价	完成
1B	徽县柳林镇杏树村	HJ14	农药	12917.7	询价	完成
1B	徽县柳林镇杏树村	HJ14	造林	139941.75	询价	完成
1B	徽县银杏乡宏化村	HJ15	苗木	349430.76	询价	完成
1B	徽县银杏乡宏化村	HJ15	农药	13866.3	询价	完成
1B	徽县银杏乡宏化村	HJ15	造林	150218.25	询价	完成
1B	徽县银杏乡宏化村	HJ16	苗木	344509.2	询价	完成
1B	徽县银杏乡宏化村	HJ16	农药	13671	询价	完成
1B	徽县银杏乡宏化村	HJ16	造林	148102.5	询价	完成
1B	徽县城关镇王庄村	HJ17	苗木	178582.32	询价	完成
1B	徽县城关镇王庄村	HJ17	农药	7086.6	询价	完成
1B	徽县城关镇王庄村	HJ17	造林	76771.5	询价	完成
1B	徽县城关镇王庄村	HJ18	苗木	1968624	询价	完成
1B	徽县城关镇王庄村	HJ18	农药	7812	询价	完成
1B	徽县城关镇王庄村	HJ18	造林	84630	询价	完成
1B	徽县城关镇王庄村	HJ19	苗木	312870.6	询价	完成
1B	徽县城关镇王庄村	HJ19	农药	12415.5	询价	完成
1B	徽县城关镇王庄村	HJ19	造林	134501.25	询价	完成
1B	徽县城关镇王庄村	HJ20	苗木	248890.32	询价	完成
1B	徽县城关镇王庄村	HJ20	农药	9876.6	询价	完成
1B	徽县城关镇王庄村	HJ20	造林	106996.5	询价	完成
1B	徽县城关镇王庄村	HJ21	苗木	208814.76	询价	完成
1B	徽县城关镇王庄村	HJ21	农药	8286.3	询价	完成
1B	徽县城关镇王庄村	HJ21	造林	89768.25	询价	完成
1B	徽县大河镇三泉村	HJ22	苗木	243265.68	询价	完成
1B	徽县大河镇三泉村	HJ22	农药	9653.4	询价	完成
1B	徽县大河镇三泉村	HJ22	造林	10457.85	询价	完成
1B	徽县伏家镇河湾村	HJ23	苗木	302324.4	询价	完成

（续）

类别编号	受益实体	合同号	合同内容	合同金额（元）	采购方式	完成情况
1B	徽县伏家镇河湾村	HJ23	农药	11997	询价	完成
1B	徽县伏家镇河湾村	HJ23	造林	129967.5	询价	完成
1B	徽县嘉陵镇周咀村	HJ24	苗木	171551.52	询价	完成
1B	徽县嘉陵镇周咀村	HJ24	农药	6807.6	询价	完成
1B	徽县嘉陵镇周咀村	HJ24	造林	73749	询价	完成

新疆维吾尔自治区

类别编号	受益方	合同号	合同内容	金额（元）	采购方式	完成情况
1H	昌吉市项目区农户	CJ001-CJ068	经济林	39290000	自营工程	完成未报账
1M	昌吉市项目区农户	CJ069-CJ072	生态林	1725614	自营工程	完成
1I	哈密市项目区农户	HM001-HM095, HM098-HM123	经济林	67790000	自营工程	完成未报账
1N	哈密市项目区农户	HM124-HM132	生态林	2292000	自营工程	完成未报账
1J	库尔勒市项目区农户	KRL001-KRL021KRL025-KRL027	经济林	9771000	自营工程	完成
1O	库尔勒市项目区农户	KRL022-KRL024	生态林	1286000	自营工程	完成
1F	昌吉市项目区农户	CJ082	基础设施	289072.71	国内竞争性招标	完成
1F	昌吉市项目区农户	CJ083	基础设施	444867.28	国内竞争性招标	完成
1F	昌吉市项目区农户	CJ084	基础设施	12932470.57	国内竞争性招标	完成
1F	昌吉市项目区农户	CJ085	基础设施	696451.84	国内竞争性招标	完成
1K	和静县项目区农户	HJ001-HJ019	经济林	12160000	自营工程	完成未报账
1P	和静县项目区农户	HJ020	生态林	463500	自营工程	完成
1L	焉耆县项目区农户	YQ001-YQ044 YQ048-YQ069	经济林	36868400	自营工程	完成未报账
1Q	焉耆县项目区农户	YQ045-YQ047	生态林	1037000	自营工程	完成
1F	哈密市项目区农户	HM096	土建工程	1536300.12	国内竞争性招标	完成
1F	库尔勒市项目区农户	KRL029	电力线路	2986713.78	国内竞争性招标	完成
1F	库尔勒市项目区农户	KRL030	土建工程	1341660.30	国内竞争性招标	完成
1F	库尔勒市项目区农户	KRL031	灌溉设备	11555648.20	国内竞争性招标	完成
1F	和静县项目区农户	HJ022	电力线路	2986713.78	国内竞争性招标	完成
1F	和静县项目区农户	HJ023	土建工程	716114.30	国内竞争性招标	完成

（续）

类别编号	受益方	合同号	合同内容	金额（元）	采购方式	完成情况
1F	和静县项目区农户	HJ024	灌溉设备	5585579.57	国内竞争性招标	完成
1F	焉耆县项目区农户	YQ071	电力线路	1769407.50	国内竞争性招标	完成
1F	焉耆县项目区农户	YQ072	土建工程	1600389.90	国内竞争性招标	完成
1F	焉耆县项目区农户	YQ073	灌溉设备	12283399.66	国内竞争性招标	完成
1F	焉耆县项目区农户	YQ074	电力线路、土建、灌溉	3733601.75	国内竞争性招标	完成
1F	昌吉、哈密、库尔勒、和静、焉耆项目区农户	XJ001	生产设备	3299480	国内竞争性招标	完成
1B	昌吉市项目区农户	CJ074-CJ080 CJ086-CJ088	生态林	4456166.40	国内竞争性招标	完成
5B	新疆林业部门	XJ003	培训	608733.29	单一来源	完成
4B	自治区项目办	XJ002-1	办公设备	277800	询价采购	完成
4B	新疆林业部门	XJ002-2	无人机设备	650726	国内竞争性招标	完成

附件 4
造林质量调查评价报告

为全面掌握项目竣工时营建林分的质量，有针对性的开展项目后期抚育管理，在 2019 年上半年，陕西、甘肃、新疆三省（自治区）按照中央项目办、项目竣工验收组的技术要求，以县（市）为单位对截至 2019 年 5 月 31 日项目营造的全部经济林和生态林的现状进行了质量摸底调查。基于三省（自治区）林业局亚行办的造林质量调查报告，形成本报告。

1 林分质量分类的标准

1.1 经济林分类标准

在小班普查的基础上按下述标准对经济林的质量进行分类。一类林：造林质量达到预期目标，表现为成活率高，长势健壮，树形控制良好，授粉树配置合理或开始结实情况良好。二类林：造林质量基本达到预期目标，表现为成活率较高，长势、树形控制较好，授粉树配置基本合理，或结实情况较好。通过加强管理，可以达到项目的预期目标。三类林：造林质量较差，表现为成活率不高，长势弱，树形控制一般，授粉树配置不合理，或到了结实期但结实情况达不到正常水平。通过后期管理难以达到预期的目标。经济林质量分类标准，见表 4–1。

表 4–1　经济林幼林等级划分标准

	保存率（成活率）	树形和长势	授粉树配置和产量合格率
一类林	≥ 90%	良好	≥ 95%
二类林	[85% ～ 90%)	较好	[90% ～ 95%)
三类林	＜ 85%	一般	＜ 90%

注：以类似立地类型上同一树种作为参照，考虑树种间差异。

1.2 生态林分类标准

在小班普查的基础上按下述标准对生态林的质量进行分类。一类林：幼林保存率、生长量全部达到了项目规定的标准，基本无病虫害。二类林：幼林保存率达到了项目规定的标准，高生长还未达标但生长正常，病虫害有限，通过加强后期幼林管护能达到生长量标准。三类林：保存率、高生长均未达到项目规定的标准，且幼林生长缓慢或有病虫害，即使采取各种后期管理措施都无望达到规定的标准，或者造林失败的。生态林分类标准，见表4–2。

表4–2　生态林幼林等级划分标准

	幼林保存率（成活率）	高生长和达标率	病虫害发生率
一类林	≥ 90%	好	≤ 10%
二类林	[85% ～ 90%)	中	(10% ～ 30%]
三类林	＜ 85%	差	＞ 30%

注：以类似立地类型上同一树种作为参照，考虑树种间差异（如冠幅大小）。

2 林分质量普查结果

对三省（自治区）项目实施以来营造的生态林和经济林分树种普查形成的专题报告进行汇总，获得整个项目的林分在竣工验收前项目林分的基本状况，见表4–3。

表4–3　项目经济林林分现状普查统计

序　号	树　种	合　计（公顷）	一类林		二类林		三类林	
			面积（公顷）	占比（%）	面积（公顷）	占比（%）	面积（公顷）	占比（%）
1	核　桃	16671.2	6333.39	37.99	7015.24	42.08	3324.24	19.94
2	花　椒	590.5	109.77	18.59	327.08	55.39	153.65	26.02
3	苹　果	14267.64	11328.51	79.4	2670.90	18.72	269.66	1.89
4	柿　子	95.4	49.76	52.16	45.64	47.84	0.00	0
5	茶　叶	661.4	430.97	65.16	225.87	34.15	4.50	0.68
6	桑　树	566	566	100	0	0	0	0
7	杏	70	0	0	62.503	89.29	7.497	10.71
8	樱　桃	180	180	100	0	0	0	0

（续）

序 号	树 种	合 计（公顷）	一类林		二类林		三类林	
			面积（公顷）	占比（%）	面积（公顷）	占比（%）	面积（公顷）	占比（%）
9	银 杏	810	0	0	810	100	0	0
10	红 枣	3455	3022.09	87.47	388.00	11.23	44.92	1.3
11	葡 萄	1717.7	1169.75	68.1	248.04	14.44	300.08	17.47
12	其 他	30	24.999	83.33	5.001	16.67	0	0
合 计		39114.84	23215.24	59.35	11798.26	30.16	4104.54	10.49

注：“其他”为兼用林。

表 4-4 项目生态林林分现状普查统计

序 号	树 种	合 计（公顷）	一类林		二类林		三类林	
			面积（公顷）	占比(%)	面积（公顷）	占比（%）	面积（公顷）	占比(%)
1	文冠果	1492	300	20.11	1192	79.89	0	0
2	云杉 + 刺槐	1492	360	24.13	1132	75.87	0	0
3	刺 槐	381.9	381.9	100.00	0	0	0	0
4	油松 + 沙棘	283.1	283.1	100.00	–	0	–	0
5	油松 + 刺槐	30		30				
6	胡 杨	325.7	151.9	46.64	139.17	42.73	34.63	10.63
7	梭 梭	296	0	0	296	100.00	0	0
8	银 + 新、箭杆杨	461.7	210.7	45.64	243.1	52.65	7.9	1.71
9	柽 柳	2.7	2.7	100.00	0	0	0	0
10	沙枣、沙棘	20.23	19.63	97.03	0	0	0.6	2.97
11	月 季	0.96	0.96	100.00				

（续）

序号	树种	合计（公顷）	一类林		二类林		三类林	
			面积（公顷）	占比（%）	面积（公顷）	占比（%）	面积（公顷）	占比（%）
12	白皮松	0.72	0.72	100.00				
13	油　松	0.53	0.53	100.00				
14	山　桃	0.53	0.53	100.00				
15	牡　丹	0.6	0.6	100.00				
16	樱　花	0.46	0.46	100.00				
17	侧　柏	8.11	8.11	100.00				
18	五角枫	1.15	1.15	100.00				
19	其　他	1.77	1.77	100.00				
合　计		4800.16	1724.76	35.1	3002.27	63	43.13	0.9

注：“其他”为陕西增造的单个树种面积不足 0.1 公顷的风景林。

3 评价分析

3.1 林分质量

3.1.1 经济林

项目共营造经济林 39114.84 公顷，其中：一类林 23215.24 公顷，占项目营造经济林总面积的 59.22%；二类林 11798.26 公顷，占项目营造经济林总面积的 30.54%；三类林 4104.54 公顷，占总面积的 10.49%。总体上，经济林管理集约化程度较高，一、二类林面积累积占约 90%，表明作为项目营造林主体的经济林的造林质量优良，集约经营程度较高。

陕西省的经济林总面积 14171 公顷中，一类林面积占 35.47%，其中苹果的一类林比例 64.78%，桑一类林 100%，说明这些经济林成活率较高，树木长势好，抚育管护合理；二类林比重较大，占比 40.00%，主导树种是核桃，其二类林占比 43.81%，面积 3468.3 公顷；三类林比重较小，达到 24.53%，其中面积最大的是核桃（2811.0 公顷）和花椒（503.8 公顷）。

甘肃经济林总面积 19600.84 公顷中，一类林面积 13904.1 公顷，比重较大，占经济林总面积的 70.93%，成活率高，树木长势好，抚育管护合理；其中，苹果一类林面积占 81.79%，核桃一类林面积占 59%，樱桃全部都是一类林；二类经济林占总面积的 28%，达到 5488.54 公顷；其中主要是苹果和核桃，杏和银杏全部是二类林；三类林比重较小，占经济林总面积的 1.07%。

新疆经济林总面积 5343 公顷中，一类林面积 4336.7 公顷，占项目营造经济林总面积的 81.17%，二类林 661.3 公顷，占项目营造经济林总面积的 12.38%；三类林 345 公顷，占总面积的 6.46%。总体上，经济林管理集约化程度较高，红枣、葡萄、苹果和兼用林均以一类林为主，整体上一、二类林面积占近 94%，表明作为项目营造林主体的经济林的造林质量优良，集约经营程度较高。

3.1.2 生态林

本项目生态林营造的面积较小，主要在甘肃和新疆实施，项目实施期间三省（自治区）共营造生态林 4800.16 公顷，其中一类林 1724.76 公顷，占项目营造生态林总面积的 35.1%；二类林 3002.27 公顷，占总面积的 62%；三类林 43.13 公顷，占 0.9%。总体上看，项目营造林的生态林二类林面积占主体，一类林占比低于经济林，整体质量低于经济林，经营相对粗放。

陕西的生态林仅为 14.83 公顷，是白水县结合项目实施营造的风景林，经调查，全部为一类林。

甘肃的生态林总面积 3679 公顷，全部是一类林和二类林，其中一类林面积占 63.51%，主要以刺槐和混交林为主，“油松 + 刺槐”和“油松 + 沙棘”两个类型的混交林全部都是一类林；文冠果一类林占比仅为 20.1%。二类林比重 63.17%，文冠果二类林面积占其总种植面积的 62.75%，达 1192 公顷。

新疆的生态林总面积 1106.33 公顷中，一类林面积 384.93 公顷，占项目营造生态林总面积的 34.79%；二类林 678.27 公顷，占总面积的 61.31%；三类林 43.1 公顷，占 3.9%。总体上看，项目营造林的生态林二类林面积占主体，一类林占比低于经济林，整体质量低于经济林，经营相对粗放。

3.2 二、三类林分的成因分析

对形成二、三类林的原因进行的调查表明，主要包括三个方面：一是项目技术措施未落实，特别是造林检查验收完成后，经济林和生态林的管护没有跟上，农民因看不到生态林的经济效益而疏于抚育管理。本项目的前期论证和准备时间较长，所规划的部分地块因农村经济结构、种植结构发生变化，一些群众经营思路有所调整，不愿意经营原有经济树种，重栽轻管，被动抚育管理，影响了成活率和保存率，导致个别地块种植后的管护没有跟上，个别农户的经济林多次补植后仍达不到建设标准。项目乡村的多数青壮年和有劳动能力农民外出务工或整体迁出，加剧了技术措施落实不到位的情况，二是项目区专业技术人才缺乏，对农户的项目服务有限，项目管理人员变动影响工作的连续性，部分项目县果业管理体系不健全、技术力量薄弱，部分项目县虽然有项目管理机构，但管理渠道和资金不通畅，上下协调不一致，针对基层农户的专业技术服务效率低。三是自然灾害，一些项目县因发生干旱、晚霜冻、风折，造林成活率和保存率受到影响。

4 对策建议

结合项目实施宗旨和目标，各项目县（市）以小班为单位，制定详细的经营方案，筹措足够的项目林分后期抚育管理经费，落实中央项目办提出的“分类施策，保一、转二、抢三”的要求，促进二、三类林向一类林转化，确保一类林的建设目标。建议采取如下措施：

（1）补植补造，加强果园中期管理。针对成活率低的二类、三类经济林，需要补植苗龄与现有幼树相同或大一年的苗木，补植成活后加强施肥、防虫害、灌溉等抚育措施，保持合理的郁闭度，加强水肥供给，促进树木旺盛生长，增加结果量，适时加强树冠的整形和修剪，使树木在幼龄阶段就能形成良好的树形和冠形，实现定干、定高、定冠，重视病虫害防治工作，力争3～5年内使其达到一类林的标准和水平。对于三类林，在补植后及时浇水，保证林木根系层始终处于湿润状态，保证树木的成活，补植成活后要注重管护，使其生长和发育状况接近或达到原栽植树木。

（2）多措并举维护生态林成果。借鉴本项目已有经验，由项目区政府采取“生态扶贫”模式聘用贫困农户承担生态林管护任务；对于林分郁闭度等达到相关标准的项目生态林，纳入国家公益林体系进行属地管理。

（3）预防自然灾害。增强项目林分业主防灾、减灾意识，采取防霜冻、防洪涝和持续干旱等的措施，同时在政府支持下对经济林上保险。

（4）加大宣传，保持对农户的技术支持力度。加强对农户的科技宣传并继续举办果园管理培训班，引进推广新技术，实现标准化建园，规范化管理，确保幼树健康生长，达到早挂果早受益的目的。对外出务工多的项目区，鼓励农户采取代管、成立股份制联合体、专业合作社等方式保持对于建成果园的正常经营管理。

附件 5
投资和财务经济分析报告

1 项目投资情况

1.1 项目实际完成投资

根据“西北三省区林业生态发展项目”设计文件，项目计划总投资人民币 123410.19 万元，按项目评估时 1 美元兑换人民币 6.83 元的汇率，折合 18068.84 万美元。其中：亚行贷款 10000 万美元，折合人民币 68300 万元，占项目计划总投资的 55.3%；GEF 赠款 510 万美元，折合人民币 63483.32 万元，占项目计划总投资的 2.9%；国内配套资金人民币 51626.87 万元，占项目计划总投资的 41.8%。

至 2018 年年底，项目实际完成总投资人民币 121055.81 万元，占计划总投资的 98.1%。按项目实施期间加权平均汇率 1 美元兑人民币 6.48 元折算，项目总投资为 18681.45 万美元，占计划总投资的 103.4%。

项目总投资按资金运用分为：营造林开发工程实际投资 97602.06 万元，完成计划投资 103.3%；碳汇教育实际投资 463.84 万元，完成计划投资的 97%；生态林业中心机构建设实际投资 504.11 万元，完成计划投资的 73.8%；办公设备购置实际投资 1459.95 万元，完成计划投资的 175.6%，项目培训实际投资 739.43 万元，完成计划投资的 35.8%。设计监测评价实际投资 221.27 万元，完成计划投资的 3.9%，财务费用实际投资 2894.52 万元，完成计划投资的 35.1%，其他支出实际投资 5308.89 万元，完成计划投资的 62.3%。见表 5–1。

表 5–1　项目投资完成情况

项目名称	计划投资总额（元）	实际完成投资额（元）	累计完成率（%）
资金运用合计	1234101900.00	1210558042.78	98.09
一、营造林开发工程	944880600.00	976020593.00	103.30
二、碳汇准备教育	4781000.00	4638441.60	97.02
三、生态林业中心机构建设	6830000.00	5041123.05	73.81

（续）

项目名称	计划投资总额（元）	实际完成投资额（元）	累计完成率（%）
四、办公设备购置	8312000.00	14599486.65	175.64
五、车辆购置	23502400.00		
六、培　训	20641200.00	7394253.86	35.82
七、设计监测评价	57536000.00	2212703.31	3.85
八、其他支出	85209500.00	53088910.18	62.30
九、财务费用	82409200.00	28945183.18	35.12

项目总投资按资金来源分为：项目实际使用亚行贷款8720万美元（折合人民币56505.6万元，按项目实施期间加权平均汇率计算），占项目实际完成投资总额121055.81万元的46.7%，实际使用的GEF赠款429.48万美元（折合人民币2783.03万元），占项目实际完成投资总额的2.3%。项目的国内配套资金37129.37万元，占项目实际完成投资总额的30.7%，其余20.3%的资金来源于其他渠道投资。项目计划总投资123410.19万元，实际投资121055.81万元，完成计划的98.1%。其中：甘肃省实际总投资60647.17万元，完成计划的149.8%；陕西省实际总投资36790.8万元，完成计划的89.8%；新疆维吾尔自治区实际总投资23617.84万元，完成计划的56.3%。见表5–2。

表5–2　项目投资分省完成情况

省份	实际与计划对比	总投资		亚行贷款		GEF赠款		配套资金	
		万美元	万元	万美元	万元	万美元	万元	万美元	万元
合计	计划	18068.84	123410.19	10000	68300	510	3483.3	7558.84	51626.88
	实际	18681.45	121055.81	8720	56505.6	429.48	2783.03	5729.84	37129.36
	完成比例（%）	103.4	98.1	87.2	82.7	84.2	79.9	75.8	71.9
陕西	计划	6000	40980	3333	22764.39	170	1161.1	2497	17054.51
	实际	5677.59	36790.8	3349.32	21703.59	171.39	1110.61	2665.83	17274.56
	完成比例（%）	94.6	89.8	100.5	95.3	100.8	95.7	106.8	101.3
甘肃	计划	5928.93	40494.59	3334	22771.22	170	1161	2424.94	16562.34
	实际	9359.13	60647.17	3219.43	20861.91	168.5	1091.88	1765.65	11441.38

（续）

省 份	实际与计划对比	总投资		亚行贷款		GEF 赠款		配套资金	
		万美元	万元	万美元	万元	万美元	万元	万美元	万元
甘 肃	完成比例（%）	157.9	149.8	96.6	91.6	99.1	94.0	72.8	69.1
新 疆	计 划	6139.91	41935.6	3333	22764.39	170	1161.1	2636.9	18010.03
	实 际	3644.73	23617.84	2151.25	13940.1	89.59	580.54	1298.37	8413.42
	完成比例（%）	59.4	56.3	64.5	61.2	52.7	50.0	49.2	46.7

注：计划按照评估汇率 1 ： 6.83；实际使用项目期平均汇率 1 ： 6.48。其他来源资金没有包括在此表中。

项目建设期间，由于美元贬值，特别是提款高峰的 2014 年年底汇率降到 1 ： 6.12，导致贷款资金的人民币数比计划数减少了 2.6%。另外由于当地劳动力价格上升等因素的影响，导致项目成本上升。为确保足额投入、高标准建设，项目单位将预备费、结余的财务费用转移到造林上来，同时积极筹措其他来源资金，以满足项目需要。

1.2 亚行贷款、GEF 赠款的中期调整

为统筹利用好贷赠款资金，确保项目目标如期实现，中央项目办对三省（自治区）项目进展情况进行了深入摸底调查，区分不同情况，于 2015 年 7 月分别提出加快项目实施进度的预案。对于因主体变化或建设条件和实际需求发生变化，在建设期内无法完成建设任务的，经商项目建设单位，并征得亚行项目经理同意后，对项目活动进行适当调整。对于贷款部分的调整包括：

(1) 合阳县黄甫庄林场退出项目，原分配给黄甫庄林场的贷款资金 110.9 万美元全部调整至周至县厚畛子林场。调整前后资金类别及支付比例不变。

(2) 原分配给凤县林业局的贷款资金 111.2 万美元全部调整至白水县林业局，调整后建设任务、资金类别及支付比例不变。

(3) 南郑县黎坪森林公园因被陕煤集团收购，该县项目建设地点由黎坪森林公园变更为大汉山风景区，原建设内容、资金类别、支付比例不变。

(4) 甘肃省用于建设 4 个贮藏库和 1 个加工厂的 313.87 万美元，调整到经济林部分，增加经济林造林 1623.34 公顷。

对于赠款部分的调整是：新疆将设备采购的 5 万美元，调整到能力建设。

亚行贷款资金的中期调整情况见表 5–3。

表 5-3 项目亚行贷款调整情况

序号	类 别	原分配贷款额度（美元）	最终修订贷款分配额（美元）	增减变化（美元）	实际支付额度（美元）	实际完成支付比例（%）
	合计（美元）	100000121	100000000	-121	87200038.50	87.20
1	工程	97776121	98638000	861879	86579288.87	87.77
01A	经济林造林 - 甘肃	891121	891000	-121	6003828.76	673.83
01B	经济林造林 - 甘肃	27589000	27589000		21264506.80	77.08
01C	经济林造林 - 陕西	24840000	24840000		25709846.78	103.50
01D	生态林造林 - 甘肃	3452000	3452000		3566120.12	103.31
01E	林木基础设施（果库 / 加工）- 甘肃	1408000	1408000		1359851.81	96.58
01F	林木基础设施（果库 / 加工）- 新疆	17416000	19500000	2084000	14069061.49	72.15
01G	林木基础设施（果库 / 加工）- 陕西	7560000	7560000		7221466.47	95.52
01H	经济林造林 - 新疆昌吉	2355000	2080000	-275000	1638971.86	78.80
01I	经济林造林 - 新疆哈密	8263000	7576000	-687000	3375954.60	44.56
01J	经济林造林 - 新疆库尔勒	1395000	1092000	-303000	1090265.73	99.84
01K	经济林造林 - 新疆和静	652000	626000	-26000	351188.56	56.10
01L	经济林造林 - 新疆焉耆	1511000	1556000	45000	678560.13	43.61
01M	生态林造林 - 新疆昌吉	63000	63000		64670.11	102.65
01N	生态林造林 - 新疆哈密	219000	219000		0	0
01O	生态林造林 - 新疆库尔勒	109000	121000	12000	120360.77	99.47
01P	生态林造林 - 新疆和静	19000	19000		19540.92	102.85
01Q	生态林造林 - 新疆焉耆	34000	46000	12000	45093.96	98.03
2	机构能力建设	1788000	926000	-862000	416209.73	44.95
02A	机构能力建设 - 陕西	676000	676000		357389.93	52.87
02B	机构能力建设 - 新疆	1112000	250000	-862000	58819.80	23.53
3	设备购置	436000	436000		204539.90	46.91
03A	设备购置 - 陕西	254000	254000		204539.90	80.53
03B	设备购置 - 新疆	182000	182000		0	0

1.3 亚行贷款使用情况

整个项目使用贷款资金 8720 万美元，占协定贷款总额度 10000 万美元的 87.2%，其中：工程造林部分（造林、基础设施）8657.93 万美元，占这部分类别调整后贷款总额 9863.8 万美元的 87.8%。

机构能力建设部分 41.62 万美元，占这部分类别贷款总额 92.6 万美元的 45.0%，该部分资金计划主要用于陕西和新疆两省（自治区）的项目实施和管理机构人员的国内外培训和为项目实施需要聘请咨询专家的支出。由于近年来政府严格控制公费出国团组，项目没有派出过国外考察培训人员；省、地、县按项目计划举办了项目实施所需的技术、财务和项目管理培训班，但由于每个培训班支出额度不大，提款报账单据收集困难、程序复杂，项目单位完成的国内培训没有进行提款报账，用国内配套资金支付了该部分费用，所以该类别贷款使用率较低。

设备购置部分 20.45 万美元，占这部分类别贷款总额 43.6 万美元的 46.9%。项目贷款资金分省使用情况，甘肃省完成贷款额度的 96.6%，陕西省完成贷款额度 100.5%，新疆维吾尔自治区完成贷款额度的 64.5%，新疆提取贷款比例较低，主要由于当地自然环境恶劣，部分造林地块成活率低，没有达到报账标准。亚行贷款资金的使用情况，见表 5–4。

表 5-4　项目贷款分省使用情况

省　份	核定额（美元）	使用额（美元）	比　例（%）	工　程			机构能力建设			设备购置		
				核定额（美元）	使用额（美元）	比例（%）	核定额（美元）	使用额（美元）	比例（%）	核定额（美元）	使用额（美元）	比例（%）
合　计	100000000	87200038.50	87.2	98638000	86579288.87	87.8	926000	416209.73	44.9	436000	204539.90	46.9
甘　肃	33340000	32194307.49	96.6	33340000	32194307.49	96.6						
陕　西	33330000	33493243.08	100.5	32400000	32931313.25	101.6	676000	357389.93	52.9	254000	204539.90	80.5
新　疆	33330000	21512487.93	64.5	32898000	21453668.13	65.2	250000	58819.80	23.5	182000		0.0

项目贷款资金分年度使用情况，可以看出，2011 ～ 2016 年的 6 年间，贷款资金的使用率呈正态分布，先升后降，与项目实施基本保持一致，本项目造林高峰在 2012、2013 年，2016 年造林任务已经结束，但提款的高峰在 2014、2015 年，并且一直持续到 2018 年，反映出项目提款报账有些滞后。

表 5–5　项目贷款分年度使用情况

年　度	年度完成比例（%）	合　计（美元）	工　程（美元）	机构能力建设（美元）	设备购置（美元）
合　计	100.00	87200038.50	86579288.87	416209.73	204539.90
2012	4.29	3738149.69	3738149.69		
2013	8.90	7762550.76	7762550.76		
2014	22.19	19345838.27	19141298.37		204539.90
2015	30.27	26395874.29	26379493.71	16380.58	
2016	13.37	11662553.81	11502827.36	159726.45	
2017	10.07	8783250.54	8739118.71	44131.83	
2018	10.91	9511821.14	9315850.27	195970.87	

1.4 GEF 赠款使用情况

项目实际使用赠款资金 429.48 万美元，占赠款总额度 510 万美元的 84.2%，其中甘肃省完成其赠款额度的 99.1%，陕西省完成其赠款额度 100.8%，新疆维吾尔自治区完成其赠款额度的 52.7%，使用率较低，主要原因是其赠款项目启动滞后，影响了赠款的提取使用。GEF 赠款使用情况，见表 5–6、表 5–7。

表 5–6　项目 GEF 赠款使用情况

序　号	类　别	赠款总额度（美元）	实际使用赠款资金（美元）	完成总额度比例（%）
	合　计	5100000	4294758.32	84.21
	甘　肃	1700000	1684954.69	99.11
01A	生态林造林	992000	990382.42	99.84
04A	设备购置	253000	253000.00	100.00
05A	培　训	455000	441572.27	97.05
	陕　西	1700000	1713863.29	100.82
02	碳汇教育	700000	682635.35	97.52

（续）

序　号	类　别	赠款总额度（美元）	实际使用赠款资金（美元）	完成总额度比例（%）
03	生态林业中心	1000000	1031227.94	103.12
	新　疆	1700000	895940.34	52.70
01B	生态林造林	1370000	671906.80	49.04
04B	设备购置	198000	135283.61	68.33
05B	培　训	132000	88749.93	67.23

表 5-7　项目 GEF 赠款分年度使用情况

年　度	各年度完成比例（%）	合计（美元）	甘肃（美元）	陕西（美元）	新疆（美元）
合　计	100.00	4294758.32	1684954.69	1713863.29	895940.34
2014	10.60	455352.06	285712.72	169639.34	
2015	14.13	606592.99	606592.99		
2016	5.99	257280.23	257280.23		
2017	15.56	668396.23	0.00		668396
2018	50.45	2166750.34	394982.28	1544223.95	227544
2019	3.27	140386.47	140386.47		

1.5 配套资金筹集情况

整个项目实际筹集配套资金 37129.37 万元，其中：省级到位 4323.61 万元，占配套资金总额的 11.6%，完成省级配套资金计划的 59.0%；地级到位 1064.12 万元，占配套资金总额的 2.9%，完成计划的 17.7%；县级到位 5408.61 万元，占配套资金总额的 14.6%，完成计划的 35%；企业和农户到位 26333.02 万元，占配套资金总额的 70.9%，完成计划的 115.3%。

项目配套资金到位情况先高后低，2012 年配套资金到位率最高，占配套资金到位总额的 25.4%。2013 年稍低，占 11.9%，2014 年 23.7%，2015、2016、2017 和 2018 年分别占 14.3%、10.1%、5.7% 和 9%。可以看出，各级配套资金的及时到位，确保了项目建设的用款。2012、2013 和 2014 年各级配套到位率占整个项目配套资金总额的 61%。

项目配套资金分省到位情况：甘肃省实际到位 11441.38 万元，完成计划的 69.1%；陕西省实际到位 17274.56 万元，完成计划的 101.3%；新疆维吾尔自治区实际到位 8413.42 万元，占计划的 46.2%。项目配套资金筹集情况，见表 5-8、5-9。

表 5-8　项目配套资金分年度到位情况

年度	各年度到位率（%）	合　计（元）	企业和农户配套资金（元）	省级配套资金（元）	地市级配套资金（元）	县级配套资金（元）
合计	100.00	371293662.51	263330227.54	43236120.53	10641233.52	54086080.92
2012	25.38	94233743.16	47285127.35	27560000.00	6319318.00	13069,297.81
2013	11.93	44295017.51	29704499.73	2670000.00	1558982.00	10361535.78
2014	23.70	87993518.08	70238792.10	12550000.00	317310.00	4887415.98
2015	14.25	52910995.64	44806153.73	965625.76	989162.84	6150053.31
2016	10.07	37376103.48	24328234.50	524204.16	950000.00	11573664.82
2017	5.72	21243752.35	14102131.45	0.00	393093.00	6748527.90
2018	8.95	33240532.29	32865288.68	-1033709.39	113367.68	1295585.32

表 5–9 项目配套资金分省到位情况

省 份	计 划	实际 / 计划（%）	合 计（元）	企业和农户配套资金（元）	省级配套资金（元）	地级配套资金（元）	县级配套资金（元）
实际 / 计划（%）			71.92	115.25	59.02	17.68	35.05
计 划			516268700.00	228484000.00	73251000.00	60201600.00	154332100.00
合 计	516268700.00	71.92	371293662.51	263330227.54	43236120.53	10641233.52	54086080.92
甘 肃	165623400.00	69.08	114413833.94	41948447.38	36633829.16	4904255.84	30927301.56
陕 西	170545000.00	101.29	172745630.53	137247,582.12	6602291.37	5736977.68	23158779.36
新 疆	180100300.00	46.72	84134198.04	84134198.04			

2 项目财务经济分析

2.1 项目财务经济分析范围和计算期

由于本项目营造的生态林在项目期内经济效益有限，主要发挥生态效益的功能，仅对项目营造的经济林、用材林、水果贮藏库建设、旅游设施建设进行了财务经济效益分析。本项目设计建设期 8 年，经营期 17 年，为了和项目期保持一致，效益的计算期为 20 年。

2.1.1 汇率变化情况

项目执行期间，美元兑换人民币的汇率呈现较大的波动，从项目评估时执行的 6.83 元下降到 2013、2014 年的 6.0969 元、6.119 元，之后又逐步反弹到 2016 年 6 月底的 6.937 元。项目实施各年度的汇率情况，见表 5-10。

表 5-10 项目各年汇率变化情况

年 度	美 元	人民币	各年度与评估时比较升降幅度（%）
评估时	1	6.83	
2011 年（无提款）			
2012 年 12 月 31 日	1	6.2855	-7.97
2013 年 12 月 31 日	1	6.0969	-10.73
2014 年 12 月 31 日	1	6.1190	-10.41
2015 年 12 月 31 日	1	6.4936	-4.93
2016 年 12 月 31 日	1	6.9370	1.57
2017 年 12 月 31 日	1	6.5342	-4.33
2018 年 12 月 31 日	1	6.8632	0.49
2012 ～ 2018 年加权汇率	1	6.48	-5.12

2.1.2 劳动力等其他指标情况

为了了解项目区劳动力价格涨跌情况，保证采集数据的真实可靠，各项目省份组织具有专业知识的技术人员，在所有项目县设置调查样点，全面调查 2011 ～ 2018 年当地劳动力价格变化情况。每个省份样点设置不少于 30 个，且均匀分布、涵盖所有的项目县。

为了充分反映项目竣工时的实际情况，将主要的投入与产出市场价格更新为当前的价水平，具体如下：

（1）美元兑换人民币的汇率更新为 2018 年 12 月 31 日的 6.8632。

（2）劳动力价格调整为：80 元／（日 · 工）。

（3）根据《建设项目经济评价方法与参数（第三版）》，贴现率使用 8%。

（4）劳务费的影子价格转换系数为0.8，材料设备、间接费、木材及经济林水果转换系数为1.0。

2.2 造林任务完成情况

整个项目计划造林 43154.5 公顷，其中经济林计划 38380.5 公顷，生态林计划 4744 公顷，用材林 30 公顷。项目实际共完成造林 43915 公顷，占项目营造林总计划的 101.8%，其中经济林完成 39084.84 公顷，占计划的 101.8%；生态林完成 4800.16 公顷，占计划的 101.2%；用材林完成 30 公顷，占计划的 100%。陕西、甘肃和新疆 3 个省（自治区）分别完成该省份造林总计划的 107.5%、94.3%、100%。

2.3 项目财务经济分析

经过测算，项目各经济林树种的财务效益较好，只有新疆的 30 公顷兼用林（用材兼防护）的内部收益率为 7.4%。其余各经济林树种均为 8% 以上，银杏、杏、柿子和枣的内部收益率在 13% 以上。所有造林模型和水果贮藏库、旅游设施的财务内部收益率（FIRR）平均为 12.1%，税后净现值（NPV）为 82773.89 万元，财务效益显著。项目国民经济内部收益率（EIRR）为 16%，净现值为 163719.05 万元。见表 5–11。

表 5–11 项目财务内部收益率、经济内部收益率和净现值
（单位：人民币万元）

省份	树 种	FIRR（税前）	NPV（税前）	FIRR（税后）	NPV（税后）	EIRR	ENPV
总 计		12.1%	83125.25	12.1%	82773.89	16.0%	163719.05
甘肃	小 计	11.7%	37072.38	11.7%	37072.38	16.4%	86069.67
	核 桃	11.9%	14957.63	11.9%	14957.63	15.8%	29676.89
	银 杏	17.7%	5304.78	17.7%	5304.78	21.5%	7181.10
	樱 桃	10.4%	209.11	10.4%	209.11	15.5%	680.78
	苹 果	10.9%	16113	10.9%	16113	16.5%	47814.07
	杏	13.8%	198.42	13.8%	198.42	18.3%	363.15
	水果贮藏库	12.2%	289.44	12.2%	289.44	13.1%	353.68
陕西	小 计	12.1%	28562.56	12.0%	28211.2	14.1%	43124.94
	核 桃	11.8%	19910.69	11.8%	19910.69	12.5%	23169.88
	茶 叶	12.9%	1556.54	12.9%	1556.54	20.6%	3999.41
	花 椒	12.9%	1132.05	12.9%	1132.05	16.0%	1847.72

（续）

省份	树 种	FIRR（税前）	NPV（税前）	FIRR（税后）	NPV（税后）	EIRR	ENPV
陕西	苹 果	10.5%	2223.97	10.5%	2223.97	16.8%	8809.66
	桑	12.5%	777.63	12.5%	777.63	17.9%	1761.29
	柿 子	13.0%	239.52	13.0%	239.52	14.9%	340.80
	旅游设施	29.0%	2722.16	25.7%	2370.8	36.1%	3196.19
	小 计	13.1%	17490.31	13.1%	17490.31	18.4%	34524.44
	枣	13.9%	12307.77	13.9%	12307.77	18.9%	21996.85
新疆	葡 萄	12.0%	5093.79	12.0%	5093.79	17.8%	11958.45
	苹 果	9.2%	92.59	9.2%	92.59	15.3%	561.82
	木 材	7.4%	-3.84	7.4%	-3.84	9.3%	7.31

附件 6 竣工绩效评价报告

1 概　况

1.1 背景和目标

2019 年 6 ～ 9 月，由造林工程、森林可持续经营、生态监测、财务管理等方向的专家组成的项目评价组（下称评价组），按中央项目办下达的绩效评价任务和财政部发布的《国际金融组织贷款赠款项目绩效评价操作指南》，对“亚洲开发银行贷款西北三省区林业生态发展项目”开展了竣工绩效评价。评价的主要目的是，对项目的准备和实施期内开展活动的过程、进度和结果进行回顾和量化评估，梳理项目实施质量的形成过程，总结经验教训，为国内项目和未来的亚行贷款林草项目的准备和实施提供借鉴。

“亚洲开发银行贷款西北三省区林业生态发展项目”的基本情况，见表 6–1。

表 6–1　项目基础信息

项目名称	亚洲开发银行贷款西北三省区林业生态发展项目
领域	林业
投资金额 其中：亚洲开发银行贷款 全球环境基金赠款 国内配套	12.34 亿元 1 亿美元（折合 6.83 亿元人民币） 510 万美元（折合 0.35 亿元人民币） 5.16 亿元人民币
项目评估时间	2010 年 2 月
贷款协定签订时间	2011 年 6 月 3 日
贷款协定生效时间	2011 年 9 月 29 日
项目预计和实际开工时间	2011 年 9 月 29 日
项目实际完工时间	2019 年 9 月 30 日
项目目标	①对项目地区退化和贫瘠的土地进行生态恢复，提高林地生产力；②提高农民收入促进可持续生计
项目活动	①支持农户营造经济林；②支持国有林场和林业站发展生态林业并改善管理；③支持果品储藏加工

（续）

实施地点	甘肃：合水县、宁县、西峰区、正宁县、庆城县、崆峒区、泾川县、静宁县、华亭县、临洮县、通渭县、永靖县、积石山县、秦州区、甘谷县、麦积区、秦安县、武都区、成县、徽县 陕西：临潼区、户县、周至县、富县、耀州区、陈仓区、马头滩、辛家山、长武县、淳化县、永寿县、乾县、礼泉县、三原县、临渭区、富平县、澄城县、蒲城县、白水县、潼关县、宁强县、略阳县、南郑县、汉滨区、岚皋县、石泉县、白河县、镇坪县 新疆：昌吉市、哈密市、库尔勒市、和静县、焉耆县
项目直接受益人	三个项目省份 53 个项目县（市、区）约 11.2 万个农户，相关企业和国有林场
项目管理机构	国家林业局亚行办（中央项目办）；陕西、甘肃、新疆林业厅（局）项目办；14 个地市项目办；53 个县（市、区）林业局的项目办
项目实施机构	上述三个项目省份 53 个项目县（市、区）林业局项目办

1.2 评价方法

按《国际金融组织贷款赠款项目绩效评价操作指南》要求，采取科学、公平、公正、利益相关方参与、透明的方法开展项目绩效评价。

（1）案卷研究。主要包括《中国与亚洲开发银行国别合作伙伴战略（2012）》《贷款协定》《赠款协定》《项目协议》《项目管理手册》《项目资金申请报告》《可研报告》，亚洲开发银行检查组备忘录、实施进展报告、审计报告，以及国家和项目省（自治区）经济、生态环境、农村发展有关政策文件等。

（2）召开座谈会。按照文框 6–1 的问题清单，在中央项目办，项目省（自治区）财政、林业部门项目办，项目设计、技术支持部门召开座谈会，记录整体座谈要点。

文框 6–1　项目座谈问题清单

国家林草局中央项目办座谈

1. 本项目的目标是满足西部地区生态建设和农村发展的需要，项目执行期间发生了哪些影响该目标实现的事项？

2. 如何评价本项目对全国林业发展方式的推动作用？项目在政策管理、制度建设、发展模式方面，产生了哪些好的经验？

3. 对项目执行过程满意吗？项目是否及时启动？项目是否按时完工？项目实施中有无重大计划调整？

4. 项目检查、监测执行的方式、内容、频率是否合适，效率如何？是否仍有需要改进的方面（包括项目管理方式、检查的频率和效率等）？

5. 项目已竣工，如何评价项目的取得的成果？项目的生态、社会和经济效益怎样？

6. 项目是否促进了集体林权制度改革和国有林场改革，具体表现在哪些方面？

7. 项目的资金管理效率如何？亚行贷款资金、地方配套资金能否及时到位？在项目执行过程中，出现过影响报账支付的问题吗？

8. 项目在促进私人投资、非公有制林业和当地林业市场化的方面，发挥了哪些具体的作用？

9. 项目的机构和人员配置能否持续保证项目的继续执行？亚行方面、财政部方面哪些方面的做法、服务需要完善？

10. 你们对这次绩效评价工作有何具体的要求和建议？

省（自治区）林业厅（局）、财政厅等座谈

1. 项目的设计的目标是否符合本地区生态建设和林业发展的需要？主要针对了哪些具体问题？

2. 亚行在项目准备、可行性研究、设计、执行和管理的效率如何？

3. 项目启动以来遇到哪些问题？是否按项目的计划进度完成了各项内容？

4. 对项目进度和质量满意吗？项目实施中有无重大计划调整？

5. 亚行、上级部门如何对项目进行监测和监管？

6. 哪些项目活动特别受欢迎？哪些执行比较困难？项目的成本、报账单价执行情况如何？

7. 亚行贷款资金是否及时到位？本省的配套资金是否及时到位？是否出现了延迟现象？如何解决？

8. 通过实施该项目，取得了有哪些经验？是否发现值得国内项目借鉴的经验做法？

9. 如何评价项目的后期执行能力？包括机构、人员和资金等方面的保障和支持？项目存在什么风险？

10. 还贷是否有问题？预期的项目的收益是否能够支持偿还贷款？

与项目县级单位座谈

1. 项目设计的目标是否符合本地的实际需要？主要是针对本地区的哪些具体问题？

2. 项目实施是否顺利？哪些项目活动特别受欢迎？启动实施过程以来遇到过哪些问题？项目计划和实施日期的是否一致？

3. 项目准备、设计、执行和管理监督中的效率怎样？省项目办和亚行如何协调各项活动？对上级部门的管理有何建议？

4. 项目的贷款和配套资金是否按计划到位？项目报账资金是否及时回补？农民能否及时拿到项目款（包括贷款资金、政府补贴和劳务费）？

5. 项目的生态、经济和社会效益如何？项目对本地林业发展的最大的帮助是什么？项目还款是否有问题？

6. 通过实施该项目，产生哪些经验和教训？哪些问题可在未来项目中加以避免？

7. 项目的机构和人员设置是否完善，能否在项目竣工后继续保持？

8. 项目面临的社会、经济形势是否会影响项目的后续执行，如农民外出工作和工资上涨是否会影响项目？本地的经济发展情况是否会影响项目的配套资金？货币汇率的变化是否会影响项目的执行？

9. 本项目对当地政府的重点工作有哪些帮助？项目还存在哪些风险？
10. 对本项目还有什么其他的建议和希望？

（3）面访。根据文框 6–2 列举的问题清单，灵活访谈参加项目的农户、农户联合体、企业和国营林场，记录整理访谈要点。

文框 6–2　项目直接受益人半结构访谈问题清单

农　户

1. 您听说、了解或参加项目了吗？
2. 如果参加了本项目，具体是什么活动，有项目合同吗？
3. 您参与了项目提供的技术培训了吗？
4. 您收到项目资金了吗？项目谁来还款？
5. 对本项目，有什么建议和希望吗？

林场人员

1. 如果参加了项目，你了解项目的目标和要求吗？
2. 项目提供了哪些服务、培训？作用如何？
3. 项目活动如何验收，资金报账的效率如何？
4. 项目对国有林场改革有哪些作用？项目实施有哪些问题？
5. 对于改进本项目，您有什么意见和建议？

非公企业主

1. 您的企业为什么要参加本项目？具体是什么项目活动？
2. 您有项目合同吗？
3. 您觉得私人业主可以在哪些方面发挥促进项目的作用？
4. 收到项目保障资金了吗？项目活动的效益如何？还款是否有问题？
5. 对如何改进本项目，有什么意见和建议？

（4）问卷调查。按照设计的三类不同对象的问卷，由评价组委托省（自治区）项目办分别对项目农户（含农合联合体、专业合作社）、企业（含国营林场）、项目基层管理部门（县林业局、财政局等）进行调查。评价组对回收的问卷进行汇总分析。

（5）案例调研。基于案卷研究和项目活动的类型、实施进展，评价组随机抽取三个项目省份6 个项目县（每个省份两个县）进行实地调研。案例调研与座谈、面访结合进行，以获得可交互印证的评价证据。

1.3 数据期限

考虑到项目竣工总结进展实际情况，整个项目及各省份绩效评价报告相关数据的截止时间，统一确定为 2019 年 5 月 31 日。

2 绩效分析

2.1 相关性

主要是围绕项目与国家、地方和林业建设的战略和政策相符程度以及项目是否能够解决发展中的实际问题进行评价。本项目的目标和内容与项目设计时和评估时国家的发展战略和政策重点高度相符。项目目标和内容与我国林业和生态建设、生态环境保护相关法规、战略和政策高度相符，与党的十八大以来的推进生态文明建设、“一带一路”、生态扶贫的战略部署高度一致，与我国转变生态建设模式、提高生态建设水平、提高人民生活水平的实际需求高度吻合。项目针对陕西、甘肃、新疆林业发展和生态保护的现实需求，通过经济林、生态林的营造和基础设施建设、森林碳汇实践和机构能力建设等，为林业行业和项目区建设发展提供新的模式。

依据绩效评价框架及指标打分和权重设置标准，本项目的相关性指标的评分值为 100 分，评价等级为“高度相关”（表 6–2）。

表 6–2　相关性评价指标与结果

准则及权重	绩效等级	加权得分	准则得分	关键评价问题	评价指标	指标得分
相关性（10%）	高度相关	10	100	1.1　项目目标和内容设计是否符合当前国家、行业和所在区域的发展战略和政策重点？（50%）	1.1.1 项目的目标和内容与国家生态环境建设、农村发展的战略和政策的相符程度（30%）	100
					1.1.2 项目目标和内容与国家林业发展战略和政策相符程度（30%）	100
					1.1.3 项目的目标和内容与相关区域的生态建设、农村发展战略和政策相符程度（40%）	100
				1.2 项目提供的产品和服务能否解决国家、行业和所在区域经济社会发展中实际问题和需求？（50%）	1.2.1 项目的实施是否促进国家生态建设模式的转变，提高森林覆盖率，发挥森林经济、生态效益，促进项目区群众收入和可持续发展水平的提高（30%）	100

（续）

准则及权重	绩效等级	加权得分	准则得分	关键评价问题	评价指标	指标得分
相关性（10%）	高度相关	10	100		1.2.2 项目的实施是否促进国家林业生态建设模式的转变，提高森林覆盖率，促进林业经济效益，遏制生态退化（30%）	100
					1.2.3 项目的实施是否提高项目省（自治区）森林覆盖率，提高当地群众收入水平，减少水土流失和土地沙化，促进区域可持续发展（40%）	100

注：指标打分采用百分制度，满分 100。

2.2 效　率

结合本项目实施的实际，围绕项目“是否按计划进度实施，并实现了相应的阶段性产出”“是否按照计划的资金预算实施，项目管理及内部控制是否到位并能确保项目有效实施”“资源投入是否经济有效”“内容设计和实施机制是否具有创新性”四方面内容评价效率。本项目按计划启动，项目单位克服项目准备长、管理外资贷款项目的经验缺乏等不利因素，在规定时间积极开展了项目设计的各项活动。经济林营造、生态林营造、果品储藏设施建设、办公设备购置、基础设施建设活动的进度与计划基本相符，项目的安全保障措施到位，采取有效措施缓解成本增加造成的不利影响，确保项目按预定计划实施。但项目支付制度不完善、报账程序复杂且执行不力、政策变化等，造成项目贷款、赠款资金的支付进度较慢，部分省县国内配套资金未按工程进度及时足额到位，新疆截至项目竣工未能全面完成预定的贷款和赠款支付进度。根据评价规则，评价结果为“效率高”。

根据绩效评价框架及指标打分和权重设置标准，本项目的效率指标的评分值为 86.34，评价等级为“效率高”。

表 6–3　效率评价指标开发与评价结果

准则	绩效等级	加权得分	准则得分	关键问题	基本指标	个性指标	指标得分
效率（30%）	效率高	25.93	86.42	2.1 项目是否按计划进度实施，并实现了相应的阶段性产出（40%）	2.1.1 项目是否按计划进度实施（40%）	2.1.1.1 项目计划启动时间与实际启动时间的相符程度（50%）	98

（续）

准则	绩效等级	加权得分	准则得分	关键问题	基本指标	个性指标	指标得分
效率（30%）	效率高	25.93	86.42	2.1 项目是否按计划进度实施，并实现了相应的阶段性产出（40%）	2.1.1 项目是否按计划进度实施（40%）	2.1.1.2 项目实施与计划进度的相符程度（50%）	88
					2.1.2 项目活动阶段性完成情况（60%）	2.1.2.1 经济林营造工程的完成率（20%）	96
						2.1.2.2 经济林造林质量达标率（5%）	95
						2.1.2.3 果品储藏加工设施建设任务的完成率（10%）	90
						2.1.2.4 经济林配套设施建设完成率（10%）	90
						2.1.2.5 生态林营造累计完成率（15%）	95
						2.1.2.6 生态林造林质量合格率（5%）	96
						2.1.2.7 国有林场设施、机构建设完成率（10%）	84
						2.1.2.8 办公设备购置完成率（5%）	95
						2.1.2.9 车辆采购完成率（5%）	78
						2.1.2.10 项目考察学习和培训完成情况（5%）	80
						2.1.2.11 项目监测实施与计划的相符程度（5%）	70
						2.1.2.12 项目保障政策的落实率（5%）	92
				2.2 项目是否按照计划的资金预算实施（40%）	2.2.1 资金到位率（30%）	2.2.1.1 已使用贷款资金占贷款总额比率（50%）	72
						2.2.1.2 配套资金到位率（50%）	70
					2.2.2 项目实际使用资金与预算数额的吻合度（40%）		75
					2.2.3 项目资金使用的合规性（30%）		92
				2.3 项目管理及内部控制是否到位并能确保项目有效实施（10%）	2.3.1 是否有专门的项目管理机构（25%）		95
					2.3.2 是否有完善的项目管理制度（25%）		89

（续）

准则	绩效等级	加权得分	准则得分	关键问题	基本指标	个性指标	指标得分
效率（30%）	效率高	25.93	86.42	2.3 项目管理及内部控制是否到位并能确保项目有效实施（10%）	2.3.3 项目的管理效率（25%）	2.3.3.1 政府的管理效率（50%）	90
						2.3.3.2 亚行的管理效率（50%）	96
					2.3.4 项目的风险控制措施（25%）		92
				2.4 项目的资源投入是否经济有效，项目内容设计和实施机制是否具有一定的创新性 10%）	2.4.1 项目设计的各项内容的单位成本是否适当（50%）		88
					2.4.2 项目内容设计和实施机制是否节约了成本，提高了效率，扩大了成果（50%）		95

注：指标打分采用百分制度，满分 100。

2.3 效　果

实施效果围绕项目“是否实现了阶段性绩效目标”“实际受益群体数量是否达到预计的目标受益群体数量”两个方面进行评价。评价组认为，本项目取得了良好的经济效益、生态效益和社会效益。生态效益表现在增加了森林面积、植被覆盖度、生物多样性、碳汇能力和野生生物栖息地，新疆项目区沙埋量降低，黄土高原项目区土壤侵蚀模数减少；经济效益增加主要表现在农民劳务费收入增加，项目经济林开始产生收益，建成的森林公园、果品储藏库初期运行良好；社会效益明显表现在项目累积创造的就业岗位、开展的各类培训，以及项目促进了传统观念的转变、生态理念的传播和政府职能转换方面。

依据项目绩效评打分标准，效果指标的评分值为 93.74，评价等级为“非常满意”（表 6–4）。

表 6–4　效果评价指标开发与评价结果

准则	绩效等级	加权得分	准则得分	关键问题	基本指标	个性指标	指标得分
效果（30%）	非常满意	28.10	93.67	3.1 项目是否实现阶段性绩效目标（70%）	3.1.1 项目经济效益（50%）	3.1.1.1 农民经济林种植及劳务收入（40%）	95
						3.1.1.2 非公业主、企业来自本项目的收入（30%）	95
						3.1.1.3 国有林场来自本项目的收入（30%）	90
					3.1.2 项目生态成效（25%）	3.1.2.1 增加的植被盖度（40%）	90

（续）

准则	绩效等级	加权得分	准则得分	关键问题	基本指标	个性指标	指标得分
效果（30%）	非常满意	28.10	93.67	3.1 项目是否实现阶段性绩效目标（70%）		3.1.2.2 增加的植被类（15%）	95
						3.1.2.3 减少土壤侵蚀（20%）	90
						3.1.2.4 森林碳汇增加（20%）	90
						3.1.2.5 生态安全措施的落实（5%）	88
					3.1.3 项目社会成效（25%）	3.1.3.1 农户受益情况（50%）	95
						3.1.3.2 其他社会效益（50%）	95
				3.2 项目的实际受益群体数量是否达到预计的目标受益群体数量（30%）	3.2.1 项目实际受益群体与计划受益群体的相符情况（50%）		95
					3.2.2 受益瞄准度（50%）	3.2.2.1 贫困户参加项目的比例（45%）	95
						3.2.2.2 少数民族参加项目情况（10%）	92
						3.2.2.3 妇女参与项目的比例（45%）	95

注：指标打分采用百分制度，满分100。

2.4 可持续性

围绕项目“财务是否具有可持续性”“实施是否具有可持续性”两个方面进行评价。评价组认为，项目政策、机制安排和落实整体良好，各项目省（自治区）、市（县）都设立了专门的项目领导小组和项目办，项目建立了稳定的省（自治区）项目办与省（自治区）发改委、财政、审计多部门合作机制，机构人员的配备满足项目持续运行的需要。项目投入以经济林为主、所有项目经济林会在5年内产生都高于当地平均水平的收入。在偿还贷款方面，除少数企业、农户和国有林场外，县级政府承担还贷责任，还贷责任落实。项目建立了一系列管理制度和机制，虽然贫困、项目成本提高、林果产品价格波动等给配套资金带来压力，但由于单个县的贷款量较小，加上土地流转提高林业融资能力和国家对西北贫困地区特殊支持政策、亚行方面对本项目的高度支持，项目的宏观社会和经济环境有利于项目的继续实施和竣工后的管理。

依据项目绩效评价打分标准，可持续性指标的评分值为88.63分，评价等级为“可持续”（表6–5）。

表 6–5　项目可持续性评价指标开发与评价结果

准则	绩效等级	加权得分	准则得分	关键问题	基本指标	个性指标	指标得分
可持续性（30%）	可持续	26.59	88.63	4.1 项目财务是否具有可持续性（50%）	4.1.1 项目资金能否持续满足项目实施的需要（50%）	4.1.1.1 经费是否满足项目持续有效运行	88
					4.1.2 是否设计了可靠的还款机制并具备还款能力（50%）	4.1.2.1 是否有可靠的还款资金来源（50%）	89
						4.1.2.2 是否设计了可靠的还款机制（50%）	90
				4.2 项目实施是否具有可持续性（50%）	4.2.1 支持项目实施的机构存在与否（25%）		93
					4.2.2 支持项目实施的人员充足与否（25%）		82
					4.2.3 支持项目实施的政策制度完善与否（25%）		90
					4.2.4 经济社会环境是否会阻碍项目实施（25%）		91

注：指标打分采用百分制度，满分 100。

3 绩效评价结论

3.1 评价结论

综合上文评价分析，整个项目的综合绩效评分 90.62 分，评级为“实施顺利”，其中，项目相关性的评级为“高度相关”，项目效率的评级为“效率高”，项目效果的评价等级为“非常满意”，项目可持续性的评价等级为“可持续”。评级及得分情况见表 6–6。

表 6–6　项目综合绩效评价结果一览表

评价准则	权　重	指标得分	加权得分	绩效评级
相关性	10%	100	10	高度相关
效　率	30%	86.42	25.93	效率高
效　果	30%	93.67	28.10	非常满意
可持续性	30%	88.63	26.59	可持续
综合绩效	100%		90.62	实施顺利

3.2 项目的示范价值

国际金融组织贷款项目的根本目的在于是带动国内相关工作实现创新发展。本项目开创了行业主管部门牵头项目省（自治区）实施亚行贷款林业项目的先例，具有良好的示范引领价值。

（1）对于地方改革发展的示范作用。欠发达地区自然条件差，贫困程度高，机构能力薄弱，发展机遇有限。诸多在较发达的地区广泛实施的现代管理理念和实践，对于偏远欠发达项目区仍然是新生事物。本项目对于项目区公共管理部门、业主消除长期以来计划经济的积习积弊、采取可持续发展理念和市场经济方法推进改革发展，作用巨大。

（2）对于行业部门改革发展的作用。陕西省项目区对于国有林场改革道路的探索，甘肃、新疆项目区对于少数民族地区可持续发展能力建设实践的探索，以及整个项目的“综合生态系统管理”理念本土化、环境和社会评价、生态扶贫以及退化土地治理等，对于林草部门开展生态文明建设有积极的借鉴意义。

（3）对于发展中国家生态扶贫的启示。减少贫困是亚洲开发银行的根本宗旨目标，也是亚行与中国“国别合作伙伴战略”、国际“南南合作”的重要目标。中国是全球发展中国家中贫困人口最多、同时也是对减少全球贫困做出贡献最大的国家。本项目表明，在公共部门的组织下，通过贫困人口参与林业生态经济建设活动和技术培训，可以提升贫困人口中长期收入能力和生存生产环境。

4 需要说明的其他事项

4.1 评价方法

（1）财政部发布《国际金融组织贷款赠款项目绩效评价操作指南》后，尚未有可参考的针对林草项目进行绩效评价等的指标框架，现有农业项目和环保项目评价指标框架难以用于林业生态建设工程。

（2）森林的生态效益需要较长时间（5 ~ 10 年甚至更长）才能充分显现，而且面临各类自然的和人为的风险，这使绩效评价受到一定程度的限制。

4.2 评价标准

（1）项目获得的荣誉。本项目在 2014 年亚行在华实施的 79 个项目中脱颖而出，被亚洲开发银行授予中国区“最佳表现贷款项目”称号。绩效评价充分考虑了此项殊荣。

（2）不可控制的外部因素变化不视为项目执行过失。在实施期间，发生了一些自然灾害，涉及项目执行的一些政策发生了变化，如：在中央“八项规定”出台后，公务人员临时出国政策限制影响了国外考察的完成率，国家对公务用车改革的政策对项目单位汽车采购的影响，国家的碳汇政策影响陕西碳汇市场个机构建设等。对于这类变化，评价组更多看重项目是否对这些变化及时采取措施加以有效应对和弥补。

5 经验、问题与建议

5.1 经 验

“西北三省区林业生态发展项目”是我国林业行业主管部门组织实施的第一个亚行贷款项目，各级政府部门和项目办密切配合，转变工作观念和思路适应项目需求，结合实际创新工作方法和管理模式，在探索建立利用国际金融组织贷款开展林业生态建设方面取得有益经验。

（1）围绕政府工作重点开展项目活动，务实高效地进行合作。亚洲开发银行与中国政府围绕我国“十二五”期间西部大开发、减少贫困、改善欠发达地区生态环境，提高人民生活水平的国家战略和当地政府工作重点，开展务实合作。项目开展的增加植被覆盖、基础设施、农民增收和能力建设活动。高度重视政府作为项目借贷人的主体地位，确保项目既给当地带来实惠又能提高中长期发展能力。这种务实合作的定位，激发了政府和农民双方面的积极性，有利于在实地产生立竿见影的成效。

（2）坚持以人为本、惠益民生是项目成功的根本。林农群众既是项目主要的参与者，也是项目最大的受益者。项目设计坚持把最大限度实现广大林农群众的利益作为出发点和落脚点，坚持“公开、平等、自愿”原则，采用国际上通行的参与式磋商设计，在按照林农意愿和市场前景自主确定项目活动内容，把“群众满意不满意”作为衡量项目成败的关键，极大地激发了群众参与项目，实现“生态得恢复，生产得发展，生活得改善”美好愿景的积极性。

（3）同一管理目标下分区分类施策，确保项目目标实现。本项目以“打捆”方式实施和管理，在利用行业部门的统一管理协调优势的同时，发挥省县作为债务主体和实施责任主体的作用，统、分结合，体现各省（自治区）实际，是提高项目管理效率和整体执行力的有效的组织管理机制。

（4）基于利益相关方参与实现包容性发展。亚行项目涉及从不同部门、不同建设主体。项目打破闭门准备项目和专家－官员的传统项目决策模式，按照“生态系统综合管理”多利益相关方协同参与受益的机制，开门办项目，不同利益相关方广泛参与，弱势群体的权益得到关护，直接受益人、间接受益人和潜在受益人的知情权、参与权、建议权和监督权得到了保障，促进了项目效益的最大化。

5.2 问 题

本项目准备和实施中发现的问题，一是项目前期准备不完善，没有全面反映项目实际情况和现有经验；二是资金配给和支付不够理想，配套资金到位率整体偏低，报账滞后，后期资金筹措难度大；三是从根本上提高人口素质难以在短期内实现；四是项目的整体管理效率有待进一步提高。

5.3 建 议

（1）缩短项目准备期，更多依靠项目执行和实施单位准备和实施项目。本项目准备期达 5 年，期间快速变化的市场和社会经济形势，使预定参加项目的造林地、果品贮藏库、核桃油加工厂项目等市场敏感的项目活动乃至项目县不再适于或愿意参加项目，造成人力物力浪费。造成准备期长的一个原因是，项目选聘的国际技术援助公司用了两年的时间开展项目评估工作，未能如期提交有充分指导价值的技援报告，生物质能源林大面积种植、碳汇中心机构建设的设计最终因不符合实际、未反映项目省份的意愿而被放弃，拖延了项目准备期。因此，建议未来的国际金融组织贷款项目的准备，可以根据项目实施单位实际将项目认定与评估合二为一，力争将准备期控制在2年以内。

（2）改善资金配给和支付，确保项目实施进度和质量。有关政府部门承诺的项目配套资金不能如期全额兑现，影响项目实施质量和项目直接受益人权益，建议从依法执政、建立诚信政府的高度对这种失信和违约行为严加监管和纠正。绩效评价组估计，本项目实施期间项目活动自首次提交报账材料算，完成一次报账平均需要3个月以上。项目活动完成并通过验收但拿不到报账资金可能造成多种严重不利影响，建议通过加强财务人员履职培训和报账部门协调，以及采用网上审核支付、外方直接支付、提高周转金额比例等加以改进。

（3）提高监测评价和报账管理的效率。建议未来项目项目准备中建立统一指标下的监测评价计划，落实国家和省级层面监测评价的费用来源和职责，为反映项目进展、效率、效果和影响提供依据。同时，建议账务审核及报账在亚行北京办公室完成工作。

附件1 绩效评价任务书（中央项目办，略）
附件2 绩效评价实施方案（评价组，略）
附件3 绩效评价框架和评分评级标准（评价组，略）
附件4 利益相关方半结构访谈记录（评价组，略）
附件5 项目实施实体问卷调查分析报告（评价组，略）

Completion Report of ADB Loan Forestry and Ecological Restoration Project in Three Northwest Provinces[1]

World Bank Loan Project Management Center of
the National Forestry and Grassland Administration

1 This is the English translation of main text (not including the six anneies) of the Completion Report of ADB Loan Forestry and Ecological Restoration Project in Three Northwest Provincial Administrations prepared by the World Bank Loan Project Management Center of National Forestry and Grassland Administration.

Abbreviations and Acronyms

ADB	Asian Development Bank
CPMO	Central Project Management Office (the ADB Project Management Office of NFGA)
EIA	environmental impact assessment
EIRR	economic internal rate of return
FERP	Forestry and Ecological Restoration Project in Three Northwest Provinces
FIRR	financial internal rate of return
GEF	Global Environmental Facility
IEM	Integrated Ecosystem Management
IFI	International Financial Organizations
MOF	Ministry of Finance
NDRC	National Development and Reform Commission
PMC	World Bank Loan Project Management Center, NFGA
PPMO	Provincial Project Management Office
PPMS	project performance management system
SFA	State Forestry Administration
NFGA	National Forestry and Grassland Administration

Project Key Facts

Project Name: Asian Development Bank Loan Forestry and Ecological Restoration Project in Three Northwest Provinces (FERP Loan number: 2744-PRC; GEF grant number: 0250-PRC).

Borrower: Ministry of Finance (MOF) of the People's Republic of China.

Executor: World Bank Loan Project Management Center (Asian Development Bank Loan Project Management Office or CPMO) of National Forestry and Grassland Administration.

Implementer: Shaanxi Provincial Forestry Bureau, Gansu Provincial Forestry and Grassland Bureau, Forestry and Grassland Bureau of Xinjiang Uygur Autonomous Region.

Total investment: 1.234 million RMB yuan including Asian Development Bank loan of 100 million US dollars (equivalent to 683 million RMB yuan), GEF grant of 5.1 million US dollars (equivalent to 35 million RMB yuan) and domestic counterpart fund of 516 million RMB yuan.

Lending terms: (1) the maturity period is 25 years including a grace period of 5 years; (2) commitment fee of 0.15% per year is charged for unused amount of the loan; (3) interest shall be paid for the loan principal that is withdrawn and not repaid, at the interest rate of LIBOR plus 0.4% spread.

Construction period: September 29, 2011-September 30, 2019.

Objectives and targets: the project shall carry out planting activities of economic tree crops, ecological forest and restoration of forest vegetation with equal weights attached to development, protection and management for improved ecological socioeconomic benefits, income and living standards of the local people and conditions for sustainable development. The specific targets: adding 38,410.5 hectares of economic forest and 4,744 hectares of ecological forests in project area; constructing 8 fruit storage depots and 1 walnut processing plant; improvement construction of 7 state-owned forest farms and institutional capacity for carbon sequestration; establishment of a new ecological forestry center.

Innovations: (1) This is the first ADB loan financed forestry project with implementation led by national forestry and grassland authority. (2) The project guided by Integrated Ecosystem Management theory adopted participatory approaches for forestry ecological poverty alleviation development activities in arid and semi-arid western areas. (3) The forest health-keeping recreation, the developed technical models of dwarfed dense-planting cultivation, mulberry silkworm co-breeding, e-commerce for poverty alleviation etc. are referable for forestry sustainable development of other project areas of underdeveloped areas.

Main achievements: (1) the project has created totally 99,800 job positions in 53 counties (cities) of three provincial administrations with 112,213 farmers' income increased by participating in project activities. The labor payment by the project to related farmers accounted for over 30% of the project cost, and the income from participating in the project in forms of labor, economic forest products, intercropping of agricultural crops accounts for 5%-15% of the average annual income of typical survey farmer households. (2) The ecological benefits are becoming evident. By June 2019, the project has completed establishment of 39,114.84 hectares of economic forest, accounting for 101.83% of the total acreage target of the project appraisal. A total of 4800.16 hectares of ecological forest have been planted accounting for 101.2% of the corresponding project appraisal target. The coverage of forest vegetation in Shaanxi, Gansu and Xinjiang project areas has increased by 0.3%, 0.49% and 0.047% respectively. Accumulatively 31 tree species were adopted in project areas for improved site biodiversity. During the project period, 683,074.5 tons of carbon were added by forest vegetation construction activities. (3) The project carried out plenty of consultation, publicity and training activities. Totally 775 training courses were held with participants of 149,236 person times bringing enormous external information and pragmatic production skills to farmers of remote areas for improved technical and cultural competence and modernized awareness and ideologies. (4) The new management concepts and methodologies formed by the project will be extended to play an active role at the national and local levels to promote the capability of governance management, public administration responsibilities transformation and ecological sustainable development in underdeveloped areas.

Post-completion actions: (1) By adopting the categorized countermeasures stipulated in the Afforestation Quality Survey Assessment Report for the project, the Category I forest stands shall be managed with actions to maintain the current growth quality, Category II forest stands with actions to upgrade the growth, and salvage actions shall be taken to transform the Category III forests stands. Ensured consistent work shall be deployed regarding forest fire prevention, pest and disease management and forest patrolling protection according to responsibilities to improve the forest quality and output level. (2) For all irrigation infrastructure, forest park tourism infrastructure and equipment that were procured or built with the project finances, by clarifying the owners' responsibilities during the project completion acceptance process, related post-completion operational management and routine maintenance shall be supervised to ensure realization of their expected effects or benefits. (3) Through project income, commercial loans, government subsidies, self-financing etc., financial resources should be mobilized for post-completion operations of the project. (4) According to the Loan Agreement and contracts signed and through the overall coordination of the financial departments and forestry and grassland departments at all levels, the loan utilized should be fully repaid as scheduled.

1 Project Overview

1.1 Project Background

Shaanxi, Gansu and Xinjiang are among the poorest provinces (autonomous regions) in China. The average poverty incidence of the three provincial administrations at the beginning of this century is about 16% far higher than the national average of 5.2%. The main cause of poverty of the three provinces and autonomous region is the unsustainable and irrational land uses that lead to land degradation and deterioration of the production and living environments of the rural population. The 12th Five-Year Plan for National Economy and Social Development Outline required that intensified ecological protective construction actions be taken to reverse the deterioration trend of ecological condition by considering root courses. With the promulgation and execution of the national strategies of West China Development Program and the subsequent Belt and Road Initiative, the Chinese government's efforts to solve the poverty and environmental problems of its western rural areas for coordinated development of population, resources and environment got supported by relevant international financial organizations. The Asian Development Bank Country Partnership Strategy with the People's Republic of China (2008-2010) proposed concentrated support to slow-growth underdeveloped areas in central and western China by adding employment and income of rural population through improving public services and public infrastructure construction especially by upgrading resources efficiency and environmental sustainability. In order to shift the natural deterioratiion trends and the backward rural development conditions in Shaanxi, Gansu and Xinjiang, the Chinese government decided to utilize finances from the Asian Development Bank (ADB) and the Global Environment Facility (GEF) to implement forestry ecological restoration project in the above three provinces and autonomous region.

1.2 Project Preparation

In 2006, the former State Forestry Administration (the now National Forestry and Grassland Administration, NFGA) listed officially as a preparatory project the Silk Road

Integrated Ecosystem Construction Project financed with loan from ADB and grants from the GEF. In the ADB Loan Financed Development Plan (2007-2009) approved by the State Council in 2007, projects recommended by Shaanxi, Gansu and Xinjiang were merged into Forestry and Ecological Restoration Project in Three Northwest Provinces (FERP) with the World Bank Loan Project Management Center (PMC) of former State Forestry Administration as the project authority for organization and implementation. With the then agreed arrangements reached between Chinese government and ADB, the project document was prepared with the support of Landell Mills an international consulting firm selected by ADB. The domestic preparation procedures and the procedures required by ADB were carried out in coordinative parallel. By the end of 2009, Shaanxi, Gansu and Xinjiang had successively completed domestic approvals. The Chinese government and the ADB had project negotiations and signed the ADB Loan Agreement and GEF Grant Agreement respectively, and the three provinces and autonomous region signed Project Agreements with ADB. The ADB Executive Board reviewed the project documents so that they came into effect on September 29, 2011. On December 16, 2011, the FERP kick-off and training conference was held in Xi'an City of Shaanxi Province indicating the entry of field execution phase of FERP following five years of arduous preparation work (Table 1).

Table 1 Project Preparation Process

Time	Project progress
March 2006	The project was listed as ADB-GEF jointly financed Silk Road Integrated Ecosystem Construction Project led by the SFA
March 2007	The project was included in the National Development Plan for 2007-2009 Utilization of ADB Loan
December 2009	Asian Development Bank conducted preappraisal to the project
February 2010	Asian Development Bank evaluated the project
September 2010	SFA Financial Application Report was submitted to the National Development and Reform Commission for project fund
February 2011	Chinese government negotiated with ADB on project loan and grants
January 2010	The Executive Board of the ADB approved the project documents
June 2011	The authorized representative Bai Tian of Chinese government signed the Loan Agreement, Grant Agreement and Project Agreements with Klaus Gerhaeusser, Director of the East Asia Bureau of the ADB.
September 2011	The above-mentioned signed agreements became effective so the project entered implementation phase.

1.3 Objectives and Activities

(1) The Loan Agreement for the Project stipulates the following two objectives:

① Ecological forest vegetation should be established to restore degraded infertile forestlands for improved productivity;

② The project shall support farmers in planting economic tree crops, help state-owned forest farms and forestry stations in developing ecological forestry for improved management, help enterprises update fruit processing equipment for farmers' sustainable income addition.

(2) The Loan Agreement stipulates the following project activities:

① Economic forest development. Totally 38,400 hectares of economic tree crops or timber forests shall be established in the three project administrations to promote ecologically sustainable forest land use by benefiting local farmers; Fruit processing equipment and facilities be provided for selected enterprises in Gansu and Xinjiang.

② Ecological forest development. Land utilization facilities for 126,000 hectares of forest in seven state-owned forest farms of Shaanxi shall be renovated with related ecological training activities carried out. One new ecological forestry center should be set up in Shaanxi. About 3,700 hectares of afforestation shall be carried out in Gansu. 1,065 hectares of degraded land shall be ecologically restored with sand-fixing reforestation techniques in Xinjiang.

③ Project management support. The project shall help the implementation entities improve their management capabilities by providing training to them and their sub-borrowers regarding project management, ecological improvement, social development, forestation planning, project investment budgeting, safeguard assurance, monitoring and evaluation, rotational fund capital account management, project implementation and project performance management. At the same time, support and assistance should be provided to project sub-borrowers regarding risk mitigation measures against natural disasters.

④ Capacity building. By providing technical advisory services to project beneficiaries and opportunities to participate in related seminars and training, the competence of project managers, technicians, foresters and large-acreage household growers, the implementation quality of the project should be improved.

1.4 Project Roles and Layout

By referring to the local official development plans and considering the enthusiasm and construction conditions of participating in the project, the local forestry sector determined the main project participants and the geographical layout of the project activities.

(1) Selection of project counties and project beneficiaries. During the project preparation the participating counties and project entities were identified according to the project objectives, local natural and socioeconomic conditions, borrowers' wishes, etc. Consequently 53 counties (cities, districts) were included in the project (not including the 2 counties of Shaanxi Province withdrawing from the project during the implementation period) of which 28 counties (cities, districts) are nationally designated poverty-stricken counties. The direct beneficiaries of the project are mainly individual farmers or farmers' associations and private enterprises, followed by village communities and state-owned forest farms. As of June 2019, the three project provinces have covered 112,213 direct beneficiary farmers.

(2) Participation of ethnic minorities. The ethnic minorities in the project are concentrated in the ethnic minority areas in Gansu Province and Xinjiang Uygur Autonomous Region and, mainly the Baoan, Dongxiang and Salar in Jishishan County in Gansu, and Uygur, Hui, Kazak, Mongolians in Xinjiang. During the preparation of the project, the Sub-project Ethnic Minority Development Plan was specially formulated for Xinjiang Uygur Autonomous Region.

(3) According to the project preparation plan agreed with by ADB, the community participatory planning methodology was adopted for the project. The project management personnel and experts publicized the objectives and purposes of the project to local village communities, enterprises and forest farms. The afforestation plans were indecently proposed by the project implementation entities. By convening villager group meetings to solicit opinions, the farmers and enterprises with the forest and grassland bureaus played jointly the role in making decisions on afforestation sites and tree species, the beneficiaries, project management and repayment responsibilities. The project developed mechanisms and regulations for consulting direct beneficiaries and for disclosure and project publicity.

1.5 Project Completion Review

FERP as the first ADB loan financed project centrally managed by national forestry and grassland authority and locally executed at provincial administrations, has achieved remarkable and distinctive achievements in terms of project organizational management, social participation, environmental management, enterprise development and forest park construction in underdeveloped rural areas. According to the relevant requirements of ADB and the Chinese government and with participation of the three project administrations and related experts, the process, successes and lessons of FERP were reviewed to facilitate the preparation of future ADB financed projects and the dissemination of good practices from FERP to domestic projects.

2 Implementation of the Project

During the project implementation period (2011-2019) and with the support of the NDRC, MOF, ADB and the direct organization of the ADB Central Project Management Office (CPMO) of NFGA, and through the hard unremitting efforts of project management organization by Shaanxi, Gansu and Xinjiang, the project Loan Agreement, Grant Agreement, Appraisal Report as well as sub-loan agreements and various management codes and technical regulations at all levels have been implemented in stern manner to reach the expected operational targets.

2.1 Completion of Project Activities

2.1.1 Economic forest development

As of June 2019 and totally, 39,114.84 hectares of economic forest were established with 12 tree species in the three provinces and autonomous region, accounting for 101.83% of the appraisal target of the project (Table 2).

Table 2 Completion of Construction of Economic Forest (Unit: ha,%)

#	Tree species	Appraisal targets	Annual forestation area completed						Subtotal	Comple-tion rate (%)
			2011	2012	2013	2014	2015	2016		
1	Walnut	11,507.5	3,298.18	5,168.69	5,503.78	1,997.17	703.38		16,671.2	144.87
2	Wild pepper	4,625	198.8	189.4	94.45			107.85	590.5	12.77
3	Apple	12,564	815.06	6,198.23	5,307.05	305.39	643.8	998.11	14,267.64	113.56
4	Cherry	180		88.34	65.03		26.63		180	100.00
5	Persim-mon	1,224		95.4					95.4	7.79
6	Tea	487		190.4		241		230	661.4	135.81
7	Mulberry	1,698	226.02	226.67	113.31				566	33.33

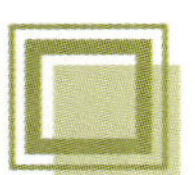

(continued table)

#	Tree species	Appraisal targets	Annual forestation area completed						Subtotal	Comple-tion rate (%)
			2011	2012	2013	2014	2015	2016		
8	Apricot	280		70					70	25.00
9	Grapes	1,810		819		619.2	279.5		1,717.7	94.90
10	Ginkgo	810		400	410				810	100.00
11	Red date	3,195	1000	1,665		498	292		3,455	108.14
12	Others	30					30		30	100.00
	Total	38,410.5	5,538.06	15,111.13	11,493.6	3,660.76	1,975.31	1,335.96	39,114.84	101.83

Note:Figures for year 2011 includes the retroactive reimbursement of the project; "Others" is for mute-purpose forest.

The annual afforestation checking inspection and acceptance reports and the general forest quality survey conducted at the completion of the project show that the seedling use, acreage verification rate, afforestation survival rate, preservation rate and growth and fruiting rate of the economic forest have met the required standards specified in the project. At time of the project completion, the acreage of Category I forest and Category II forest account accumulatively for 89.76% of the total afforestation area of the economic forest indicating satisfactory overall quality of the economic forest established. For details, please refer to Annex 4 "Project Afforestation Quality Survey Assessment Report".

2.1.2 Ecological Forest Construction

As of June 2019 and totally, 4,800.86 hectares of ecological forest were established by using 19 vegetation species in the three provinces and autonomous region, accounting for 101.2% of the appraisal target of the project (Table 3).

Table 3 Completion of Construction of Ecological Forest (Unit：ha,%)

#	Woody Species	Appraisal targets	Annual forestation area completed						Subtotal	Comple-tion rate (%)
			2011	2012	2013	2014	2015	2016		
1	Shinyleaf Yellowhorn	2,984		272.37	463.47	326.13	430.03		1,492	50%
2	Spruce+ Black locust	-		304.39		1187.6			1,492	added species
3	Black locust	-		231.9	150				381.9	added species

(continued table)

#	Woody Species	Appraisal targets	Annual forestation area completed						Subtotal	Comple-tion rate (%)
			2011	2012	2013	2014	2015	2016		
4	Chinese pine+ Seabuckthorn	695		223.1	60				283.1	41%
5	Chinese pine + B.locust	-		30					30	added species
6	Populus euphratica	139		2.7		240.4	82.6		325.7	234.32%
7	Haloxylon Bunge	296	296						296	100%
8	Populus spp.	651		333.43		95.67	32.6		461.7	70.92%
9	Tamarix chinensis	-		2.7					2.7	added species
10	Elaeagnus angustifolia, Seabuckthorn	-		4.1	16.13				20.23	added species
11	Rosa chinensis	-						0.96	0.96	added species
12	Pinus bungeana	-						0.72	0.72	added species
13	Chinese Pine	-						0.53	0.53	added species
14	Prunus davidiana	-						0.53	0.53	added species
15	Paeonia Suffruticosa	-						0.6	0.6	added species
16	Cherry	-						0.46	0.46	added species
17	Platycladus orientalis	-						8.11	8.11	added species
18	Maple	-						1.15	1.15	added species
19	Others	-						1.77	1.77	
Total		4,765	296	1,404.69	689.6	1,849.81	545.23	14.83	4,800.16	101.2%

Note: Figures of year 2011 includes the retroactive reimbursement of the project; "Others" refers scenic forests with areas less than 0.1 hectares planted for individual vegetation species in Shaanxi.

The annual afforestation inspection checking and acceptance report, the semi-annual project progress report, and the general forest quality survey carried out at the project completion show that the seedlings, acreage verification rate, afforestation survival rate,

stands preservation and growth of the ecological forest met the related required standards specified in the project. When the project is completed, the accumulative acreage of Category I and Category II ecological forests account for 99.1% of the total forestation area of the ecological forests indicating satisfactory overall quality of the ecological forest for the three project province and autonomous region. For details, please refer to Annex 1 "Afforestation Quality Survey Assessment Report".

2.1.3 Fruit Storage

After the mid-term adjustment of FERP, the project plan of supporting private enterprises in building fruit storage facilities in Gansu was to build four fruit storage depots. By the first half of 2019, the four fruit storage depots planned in Jingchuan, Heshui and Hui counties of Gansu province were built and put into use, with total storage capacity of 8,250 tons. The built depots have been operated in two models: one is that the owner of the enterprise rents the fruit storage spaces to customers at charges of 0.3-0.6kg/yuan; the other is that the enterprise has its own fruit production bases so the storage spaces are used to store the fruits produced in the bases for prolonged preservation time and marketing of the stored fruits. See Table 4 for details.

Table 4 Construction of Economic Forest Fruit Storage Depots

Enterprise name	Completion time	Storage capacity	Investment	Operation condition
Jingchuan Yuantong Fruit and Vegetable Marketing Co. Ltd.	2011	3,000 tons	Estimated total investment 6.972 million yuan, including 3.3 million yuan for ADB loan and 2.972 million yuan from the enterprise	Good
Heshui County Longdong Animal Husbandry Co. Ltd.	2014	3,000 tons	Contract amount 6.264 million yuan, of which ADB loan is 3.9163 million yuan and counterpart 2.3 million yuan by the enterprise	Normal
Heshui Longyuan Fruit Co. Ltd.	2015	2,000 tons	Contract amount was 3.334 million yuan, of which ADB loan is 2.168 million yuan and 1.237 million yuan funded by the enterprise	Normal
Hui County Yalong Ginkgo Industry Development Co. Ltd.	2014	250 tons	Total investment 1.321 million yuan including ADB loan 0.8 million yuan. The enterprise covered all the cost due to the canceling the reimbursement of the budgeted ADB loan	Good

2.1.4 Infrastructure Construction

2.1.4.1 Forest park infrastructure

The 7 FERP forest parks for infrastructure construction are authoritatively under the 6 Shaanxi forestry institutions namely Jinchiyuan Forest Farm in Lueyang County of Hanzhong City, the Houwanzi Forest Farm in Zhouzhi County of Xi'an City, the Taiping Forest Park in Hu County of Xi 'an City, the Matutan Forestry Bureau of Baoji City, the Xinjiashan Forestry Bureau of Baoji City, and Nanzheng Lidangshan Scenic Area of Hanzhong City. The signed contract amount for the construction totaled 93.961 million yuan with construction activities of tourist service buildings, reception centers, tourist trails, health-keeping and science education facilities etc. The construction of the infrastructure started in 2013 and completed by 2019. See Table 5 for details.

Table 5 Infrastructure Construction of Forest Parks

#	Forest farm	Infrastructure constructed	Contract signing time	Project cost (yuan)
1	Jinchiyuan Forest Farm, Lueyang County	Tourist Service Center of the Wulongdong Forest Park	2013	14,965,965.23
2	Houwanzi Forest Farm, Zhouzhi County	Shuiyuan Tourists' Villa of the Heihe Forest Park	2013	12,532,716.98
3	Taiping Forest Park,Hu County	Forest Park Ecotourism Trails	2013	11,998,749.96
4	Matutan Forestry Bureau	Tourist Service and Reception Center of Matutan Forestry Bureau	2013	16,185,083.81
5	Xinjiashan Forestry Bureau	Tongtian River National Forest Park Tourist Service Center Complex, Buildings and Tourist Trails	2014	12,859,068.43
6	Dahanshan Scenic Area, Nanzheng County	Nanzheng County Hanshan Scenic Area Environmental Education Center	2016	14,979,581.10
7	Houwanzi Forest Farm, Zhouzhi county	Tourism Infrastructure of Heihe Forest Park	2017	10,384,888.01

With the support of China Green Carbon Foundation, the capacity-building activities of carbon sequestration were conducted in state-owned forest farms with GEF funds. Two forest farms namely Houwanzi Forest Farm and Matutan Forestry Bureau were selected as pilot sites. The Implementation Plan for Forest Experience and Carbon Education was prepared for implementation after approval by ADB. Management facilities, roads, services and education facilities were constructed under the project in line with the procurement guidelines and the approved mid-term project adjustment plan (Table 6).

Table 6 Project Forest Park Main Infrastructure Construction

Category of Key Works	Designed capacities	Capacities completed	Completion rate
Management facilities (m^2)	3,500	3,500	100%
Room construction (m^2)	10,374	9,874	95%
Service facilities (m^2)	5,150	5,150	100%
Popular Science Education (m^2)	5,500	5,500	100%
Road construction (km)	12	12	100%

2.1.4.2 Integrated rural infrastructure construction in Xinjiang

This part of the project is carried out at five FERP cities (counties) in Xinjiang, including power supply facilities, water conservancy and irrigation facilities, roads, pasture fences etc. These rural infrastructures were aimed closely at the demands of local economic production and livelihood. The completed situation by the first half of 2019 is shown in Table 7.

Table 7 FERP Infrastructure Construction in Xinjiang

No.	Infrastructure constructed	Project counties (cites)	Specifications description	Unit	Capacities
1	High voltage electricity transmission line	Changji,Hami,Korla, Hejing,Yanqi	10 KVA	Km	67.74
2	Electricity transformers with supporting facilities	Changji	100, 120 or 160 KVA	Set	5
3	Roads (main road and auxiliary paths)	Changji,Hejing	Sand and gravel pavement (6 meters wide) or earth road	Km	10
4	Pasture fence	Changji,Hami,Hejing, Yanqi	Cement pile 5m high with barbed wire	Km	402.9
5	Diversion canal (main canal and branch canal)	Changji, Hejing and Yanqi	Impervious canal	Km	102.25
6	Water gate	Changji	Under 100 m^3 per second	Set	883
7	Reservoirs (drip irrigation ponds, diversion bridges and culverts)	Changji	As site technically required	Set	7

(continued table)

No.	Infrastructure constructed	Project counties (cites)	Specifications description	Unit	Capacities
8	Drip irrigation	Changji,Hami, Hejing, Yanqi	Plastic pipes Buried underground	Ha	6015
9	Motor-pumped wells (water saving electric control equipment, water supply tower)	Changji,Hami,Korla, Hejing,Yanqi	As site technically required	Set	187

The progress report provided by Xinjiang PPMO shows that the above rural integrated infrastructure construction was completed with ADB loans in line with the approved plans. The acceptance report provided by the supervision company designated proved that the constructed infrastructure was qualified and met the purposes of the project.

2.1.5 Project Procurement

(1) Procurement types. The procurement of FERP includes mainly goods (including office equipment, production equipment, vehicles etc.), civil works (including afforestation etc.) and services (experts, training, etc.). Of the equipment goods, the office equipment include that for communication, information, monitoring or for project provincial and county offices of the three provinces to fulfill project management duties as well as the machinery, instruments and vehicles needed by the project implementation entities to carry out the project production activities. As shown in Table 6 and as of June 2019, a total of 776 sets of office equipment had been purchased accounting for 121% of 645 sets target of the project.

Table 8 Procurement of Office Equipment, Vehicles and Instruments

	Description	Unit	Appraisal targets	Post-adjustment targets	Annual completion				Total Completion	Completion rate
					2012	2014	2015	2018		
1	Desktop computers	Set	180	250	120	62	32	36	250	100%
2	Laptop Computer	Set	154	261	103	36	57	65	261	100%
3	Copier	Set	62	72	32	30	5	5	72	100%
4	Printer	Set	75	83	35	35	13	0	83	100%
5	Fax machine	Set	80	94	41	36	17	0	94	100%

(continued table)

	Description	Unit	Appraisal targets	Post-adjustment targets	Annual completion				Total Completion	Completion rate
					2012	2014	2015	2018		
6	Camera	Set	113	138	32	68	7	31	138	100%
7	Video camera	Set	3	16	0		2	14	16	100%
8	Multi-purpose Machine	Set	7	29	0		6	23	29	100%
9	Filing cabinet	Set	151	163	93	60		10	163	100%
10	Office desks and chairs	Set	0	2				2	2	100%
11	Projector	Set	43	53			43	10	53	100%
12	Mobile hard disk	Set	0	35				35	35	100%
13	GPS	Set	15	34			15	19	34	100%
14	Motorcycles	Set	8	0			8		8	100%
15	Cars	Set	33	2	2				2	100%
16	Vehicles for forest protection	Set	3				3		3	100%
17	Scanner	Set	44	49	32	2	15		49	100%
18	Small Climate observation equipment	Set	11	11			11		11	100%
19	Monitoring toolbox	Set	12	12			12		12	100%
20	Forest protection equipment	Set	7	7			7		7	100%
21	Vehicle-mounted high-range atomiser with pickup truck	Set	4	4			4		4	100%
22	Forest protection sprayer	Set	1	1			1		1	100%
23	Agricultural tractors	Set	1	1			1		1	100%
24	Sprinkler and dispensing truck	Set	3	3			3		3	100%
25	Rotary tiller	Set	3	3			3		3	100%

(continued table)

	Description	Unit	Appraisal targets	Post-adjustment targets	Annual completion				Total Completion	Completion rate
					2012	2014	2015	2018		
26	Multi-purpose tree planting machine	Set	10	10			10		10	100%
27	Push-cart long-range sprayer	Set	10	10			10		10	100%
28	Backpack powder sprayer	Set	11	11			11		11	100%
29	Backpack powder sprayer	Set	5	5			5		5	100%
30	Portable water mist machine	Set	19	19			19		19	100%
31	Crawler self-propelled orchard sprayer	Set	1	1			1		1	100%
32	Farm transporter	Set	3	3			3		3	100%
33	Vehicle-mounted high range pesticide sprayer	Set	3	3			3		3	100%
34	Unmanned aerial vehicles	Set	0	2				2	2	100%

(2) Execution of procurement contracts. During the implementation of the project, a total of 1,348 procurement contracts were signed for afforestation, civil works, equipment, infrastructure, training and expert consultancy in the three provincial administrations including 426 ones in Shaanxi, 572 ones in Gansu and 36 ones in Xinjiang. According to the requirements of the FERP Financial Application Report and the ADB Procurement Guidelines and in line with the approved procurement plan by ADB, the three PPMOs have successfully completed the procurement tasks in forms of force labor, domestic competitive bidding, quotation based bidding.

For FERP procurement contract details of the three provinces and their implementation during the implementation, refer to Annex 3 "Procurement Plan Implementation Table".

2.2 Completion of Investment

The total planned investment of FERP is 123.4119 million yuan equivalent to 180.6884 million US dollars at the exchange rate of 1 US dollar for 6.83 RMB Yuan at the project appraisal. The total investment includes ADB loan for 100 million US dollars equivalent to RMB 683 million Yuan accounting for 55.3% of the total project investment; GEF grant 5.1 million US dollars equivalent to RMB 638.8332 million Yuan accounting for 2.9% of the total project investment. Domestic counterpart fund amounted to 516.2687 million yuan accounting for 41.8% of the total project investment. By the end of 2018, the total investment actually completed by FERP was 1,215,558,100 yuan accounting for 98.09% of the total planned investment. According to the weighted average exchange rate 1 US dollar for 6.48 RMB Yuan during the implementation of the project, the total investment of FERP is 186.8145 million US dollars accounting for 103.4% of the total planned investment.

(1) Utilization of ADB Loan. The loan fund used for the whole project is 87.2 million US dollars accounting for 87.2% of the total amount of 100 million US dollars designated under the Loan Agreement including: 86.5793 million US dollars for afforestation and infrastructure accounting for 87.8% of the total adjusted loan amount of 98.638 million US dollars under this category; the institutional capacity building component 416,200 US dollars accounting for 45.0% of the total loan amount of 926,000 US dollars in the category; the procurement of equipment 204,500 US dollars accounting for 46.9% of the total loan amount of 436,000 US dollars in the category. For the use of loan funds by provinces, Gansu Province completed 96.6% of the loan amount, Shaanxi Province completed 100.5% of the loan amount while Xinjiang Autonomous Region completed 64.5% of the loan amount. The proportion of loan withdrawn from Xinjiang was relatively low. This was mainly due to the long preparation time of the project, the untimely implementation of some project activities and the harsh local natural condition that made the planted vegetation plots ineligible to the checking acceptance and reimbursement standards.

(2) Utilization of GEF grant. GEF grant funds for Shaanxi, Gansu and Xinjiang totaled 1.7 million US dollars for each of the provincial administrations and for the following activities: Shaanxi forestry carbon education ecological center construction; ecological forest of 700 hectares in Gansu and 435 hectares in Xinjiang; Personnel training and equipment in Gansu and Xinjiang. The results of the use of this project funds

are as follows: the actual use of grant funds for the project is 4.9248 million US dollars accounting for 84.2% of the total grant amount of 5.1 million US dollars of which Gansu completed 99.1% of the grant amount of the province, Shaanxi completed 100.8% of the grant amount of the province, and Xinjiang completed 52.7% of its grant amount.

(3) Project counterpart funds in place. FERP actually raised 371.2937 million yuan of domestic counterpart funds of which 43.236 million yuan was from the provincial level accounting for 11.6% of the total or 59.0% of the provincial counterpart funding plan. The prefecture level mobilized 10.412 million yuan accounting for 2.9% of the total counterpart fund or 17.7% of the plan. The county level made available 54.0861 million yuan accounting for 14.6% of the total counterpart funds or 35% of the plan. Enterprises and farmers mobilized 263.332 million yuan accounting for 70.9% of the total counterpart funds or 115.3% of the plan. For the counterpart funds availability condition of FERP by province, Shaanxi actually raised 172.7456 million yuan so completing 101.3% of the planned target; Gansu actually raised 114.413 million yuan so 69.1% of the plan; Xinjiang Uygur Autonomous Region actually raised 84.134 million yuan accounting for 46.2% of the target of the plan.

See Annex 5 "Investment and Financial and Economic Analysis Report" for the completion and benefits of the project investments.

2.3 Adjustment of Project Plan

During the 8 years of project implementation, the project counties, afforestation and other project activities, budget etc. were adjusted according to the proposals of the project provinces and with the ADB approval and MOF. During the mid-term adjustment of FERP in 2015, the official administrative divisions of some project areas changed so adjustments had to be made under the project. Carbon sequestration along with the planned ecological center construction were adjusted because the original design did not adapt to the changing situations and difficult to implement. The fruit storage and walnut processing plant plans in Gansu were adjusted due to missed market opportunities. Besides, in order to adapt to the new development situations of the project locality, Xinjiang shifted part of the forestation and capacity building loans for infrastructure construction.

In addition to the above adjustment of project activities and funds, the adjustment of project funds took into account the change of total project funds caused by exchange rate fluctuation. Therefore and in general, the adjustment of FERP had considered changes in market conditions, social and economic conditions, policy environment and were carried out on the premise of ensuring feasibility and integral benefits thus promoting the realization of the project objectives and the optimal use of project finances. FERP project adjustments are shown in Table 9.

Table 9 Project Plan Adjustment

#	Project county or entity	Project activities	Funding adjustment
Shaanxi	(1) Fengxian County and Heyang County withdrew from FERP with surplus resources adjusted to Baishui County and Houwanzi Forest Farm; (2) The construction of Liping Forest Park in Nanzheng County was adjusted to Dahan Mountain Scenic Area in the same county	The activities of carbon preparation education (Category 2 for grant) and Shaanxi Ecological Forestry Center (Category 3) were adjusted to construction of environmental education, forest experience and health-keeping bases	Funding and repayment was adjusted following the adjustment of the project counties and activities
Gansu	Walnut Processing Factory of Longnan County and the fruit storage construction in Gangu, Qin'an,Jingning counties (districts) cancelled from the project	Longnan Walnut Processing Factory was cancelled; the original plan of building 8 fruit storage depots in 6 counties was downsized to 4 ones in 3 counties	Funding and repayment was adjusted accordingly following the adjustment of walnut processing and fruit storage activities
Xinjiang	(1) Project implementation entities of Changji city were adjusted from Sangong, Daxiqu and Changji National Agricultural Parks to Yushugou Industrial Park, Sangong Bagang Industrial Park and Miaoergou Township; (2) Project farm of Hami City adjusted from South Gobi Water Conservancy Bureau to Xigebi, and from Taojiagong to Erbao	Hejing County changed the planting species of apricot to Jujube	Because ADB had not detailed the afforestation inputs, the mid-term adjustment in 2016 clarified afforestation investments to all project counties and cities; and the GEF finances of training and equipment were adjusted

2.4 Implementation Results of Adjusted Project Plan

The project activities were implemented since 2011 and the completion status by 2019 is shown in Table 10.

Table 10 Summary of Physical Results of the Adjusted Project Plan

Project activity	Planned after adjustment Total tasks	Status at time of completion	Completion rate %
I. Afforestation (ha)	43,154.50	44,095.97	102
1. Economic forests	38,380.5	39,084.84	102
Shaanxi	15,048	14,171	94
Gansu	17,977.5	19,600.84	109
Xinjiang	5,355	5,313	99
2. Timber forest	30	30	100
3. Ecological protection forest	4,744	4,800.16	101
Shaanxi		14.83	
Gansu	3,679	3,679	100
Xinjiang	1,065	1,106.33	104
II. Infrastructure construction			
1. Construction State Forest Farm, Shaanxi			
Management facilities (m^2)	3,600	3,600	100
Customer room (m^2)	10,374	9,874	95
Service facilities (m^2)	5,150	5,150	100
Science Education (m^2)	5,500	5,500	100
Road (km)	12	12	100
2. Fruit Storage,Gansu	4	4	100
3. Xinjiang			
Road construction (km)	415.6	415.6	100
Water conservancy (set)	209	209	100
power supply (km)	43.68	43.68	100
Farm equipment (set)	5	5	100
III. Institutional capacity			
1. Office equipment (set)	692	788	114
Shaanxi	277	329	119

(continued table)

Project activity	Planned after adjustment Total tasks	Status at time of completion	Completion rate %
Gansu	270	359	133
Xinjiang	145	100	69
2. Vehicles (set)	73	2	3
Shaanxi	41		0
Gansu	29	0	0
Xinjiang	3	2	67
3. Training (person time)			
overseas study tour	120	0	0
Shaanxi	60	0	0
Gansu	60	0	0
Xinjiang			
Domestic training	89,285	122,113	137
CPMO		1,158	
Shaanxi	25,940	40,529	156
Gansu	16,120	63,404	393
Xinjiang	47,225	18,180	39

3 Project Management Systems

3.1 Legal and Regulation System

Legal agreements inclusive of the Loan Agreement between the People's Republic of China and the Asian Development Bank for Forestry and Ecological Restoration Projects in Three Northwest Provinces signed on June 3, 2011, the Grant Agreement between the People's Republic of China and the Asian Development Bank for Forestry and Ecological Restoration Project in Three Northwest Provinces signed on June 3, 2011, and the Project Agreements respectively signed between the people's government of three provinces and autonomous region and the Asian Development Bank on June 3, 2011 are the foundation of FERP implementation. According to these legal agreements, the ADB Project Management Instructions (PAI), Project Administration Manual (PAM); Guidelines for the Recruitment of Consultants (2012); Guidelines for Procurement (2012), Loan Reimbursement Manual (2007), Environmental and Social Safeguard Policies (2009); operational norms such as Anti-Corruption and Integrity (2007) of ADB and related domestic laws and regulations are to be followed by FERP management offices and implementing entities at all levels.

During the implementation of the project, the CPMO consolidated every six months the on-going abidance situation of legal agreements in forms of progress reports for submission to and review by ADB. Beginning from the launch of FERP, the legal agreements have been taken as a priority of the project training courses held at all levels. The adjustments of the project plans were conducted in strict compliance with the Loan Agreement, Grant Agreement and Project Agreement, and these legal agreements were amended accordingly after the adjustments were determined.

According to the actual needs of the project implementation and by referring to the above legal agreements, the CPMO instructed the three project provinces or autonomous region to formulate more than 13 project planning documents, regulations, guidelines and codes that conformed to national and local actual conditions forming the regulatory

framework of the project (Table 11). In general, the project regulation system of FERP is complete and scientific, far-looking and applicable which has ensured the smooth implementation of the project.

For the legal performance up to the completion of the project, refer to Annex 2 "Performance of Legal Agreements".

Table 11 Project Guiding Documents and Specifications

Published by	Name and Promulgation Time
CPMO	FERP Methods for Project Management (2012), FERP Measures for Project Financial Management (2012), FERP Facial Application Report (2010)
PPMO	Shaanxi: Feasibility Study Report (2009), Provisional Measures for Project Inspection Checking and Acceptance (2014), Provisional Measures for Project Financial Management (2011), Measures for the Administration of Project Archives (2011)
	Gansu: Feasibility Study Report (2009), Afforestation Inspection Checking and Acceptance Measures (2012); Afforestation Operational Design Methods (2012), Project Financial Management Manual (2012)
	Xinjiang: Feasibility Study Report (2009), Detailed Rules for Implementation of Project Fund Withdrawal and Reimbursement (2009), Measures for Project Management (2010),Environmental Management Plan (2010) , Ethnical Minority Development Plan (2010)

3.2 Organizational System

FERP has established a triple-level organization organizational structure suitable for Chinese practical conditions for high efficiency management. At the central level, the CPMO were set up at PMC of NFGA responsible for national overall project coordination, guidance, inspection and consolidation. At the provincial level, the PPMO includes two management structures: one is the project leading group headed by the vice governor (or vice chairman of the autonomous region) in charge of forestry, with departmental representatives of the provincial of reform and development commission, finance, forestry and grassland, audit etc. as leading group members. The provincial project leading group is responsible for formulating provincial policies, reviewing work plans, ensuring inter-department coordination, and reviewing project progress; Secondly, each project province or autonomous region set up its provincial project office to provide technical guidance, compile and supervise provincial annual work plans and budgets. The PPMO is located in the provincial forestry and grassland department staffed with professionals of forestry, environmental protection, community consultation, training and extension, financial management and procurement. At the city and county (city, district) levels, project leading groups headed by the city or county governor in charge of forestry play roles of reviewing project annual plans, coordinating line agencies for local counterpart funds etc. to ensure that the projects are implemented as per planned while the city and county level project offices are responsible for preparing field implementation plans and see to the implementation performance of the project activities including technical guidance, inspection, checking acceptance for afforestation. In general, the project management organization of FERP is proved sound sufficient in meeting fully the requirements of project implementation.

The CPMO by full play of the role of national forestry authority in leading and coordination as well as the advantages of professional knowledge of policies and talents, has put management priorities on the four aspects of coordinating project schedules, project supervision services, personnel training and project assessment in accordance with its responsibilities of unified external communication and classified managerial guidance. The PPMO are responsible for planning project activities, checking implementation quality and reviewing reimbursement documentation. The county project management offices are responsible for specific field work. Project management agencies at different levels with clear responsibilities and tasks have had smooth close communication for coordinated project operations with the project management structure of "departmental leadership, local implementation, hierarchical responsibility and coordination".

3.3 Technical Support System

The technical support system of FERP is first of all the project training program that has provided various applicable technologies and project managerial expertise at the provincial, county and county levels. During the implementation of the project, the training of 149,236 person times was carried out including 22 CPMO training courses with participants of 11,589 person times, 35 provincial training courses with participants of 3,914 person times, 718 training courses at the county and township levels for 144,164 person times. Refer to Table 12 for details.

Table 12 FERP Training Activities by Management Level

Project level	Level of training	Number of training courses	Participants (person times)	Training topics
National	CPMO	22	1,158	Project Management Measures, Project Financial Management Measures, ADB Procurement and Payment Policies, Project audit problems and measures, Environmental Compliance Monitoring Report, Initial Environmental Examination Report, Environmental Management Plan, Performance monitoring system, performance assessment, completion review, etc.
Shaanxi	Provincial	12	440	Afforestation model, inspection checking and acceptance, project management system, project finance and reimbursement, goods and equipment procurement
	County and township	104	40,315	Walnut, tea and other major economic forest fruit species cultivation, afforestation quality control, pesticide use and monitoring, forest health, carbon accounting and climate change, forest science education
Gansu	Provincial level	16	1,800	Loan Agreement and Grant Agreement, project afforestation management, financial management, project procurement, etc.
	County and township	533	61,604	Economic forest cultivation, pest control, apple pruning, apple management in winter; Ecological forest tending and protection, forest fire prevention, pest control, etc.
Xinjiang	Provincial	7	1,674	Using international financial institution loans to promote the forestry development, using domestic financial institution loan and the subsidy policies to promote industrial development, management and application of the new round of inspection and acceptance of returning farmland to forest vegetation projects, project cycle management, foreign economic cooperation project management, project completion and acceptance, etc.
	County and township	81	42,245	Local featured horticultural forest product production, ecological forest planting and protection, project management system, forestry project management, and financial account and reimbursement
Total	CPMO	22	1,158	
	Provincial	35	3,914	
	County and township	718	144,164	

Secondly, during the implementation of FERP, the project provinces and autonomous region employed totally 36 consultants from 8 institutions for a total of 2,660 person days to provide technical consultancy services for the project according to the required qualification-based project procurement procedures. See Table 13 for details.

Table 13 Provincial Consultants Recruited in FERP

	Duties	Consultancy Unit, Number of Persons, Year and Duration
Shaanxi	(1)EIA Report (2)EIA Report (3)Mid-term monitoring	(1)Institute of Soil and Water Conservation, Chinese Academy of Sciences, 1 person, 2017, 360 days (2)Shaanxi Provincial Academy of Environmental Sciences, 3 persons, 2009-2010, 360 days (3) Shaanxi Forest Reconnaissance Institute, 26 persons, 2015, 140 days
Gansu	(1)Economic forest (2)E-commerce (3)Monitoring and evaluation	(1) School of Horticulture, Gansu Agricultural University, 1 person, 2017, 260 days (2) Beijing Baihua Zhonghe Public Relations Consulting Co., Ltd., 1 person, 2017, 200 days (3) Lanzhou University, 1 person, 2017, 260 days
Xinjiang	(1)Environmental assessment (2) Social assessment	(1)Xinjiang Academy of Forestry Sciences, 1 person, 2013, 360 days (2)Social Assessment Center of Xinjiang Normal University, 2 persons, 2013, 720 days

In addition, the PPMOs of the project provinces and autonomous region improved their technical application capabilities through assistance from international experts and by organizing project managerial or technical personnel to visit and exchange with advanced forestry management projects in China.

3.4 Safeguard Policy System

Safeguard refers to the policy required by the FERP legal agreements and the ADB Statements of Safeguard Policy (2009) to ensure the safety of environment, natural habitats, indigenous peoples (ethnic minorities) and gender. The specific requirements are to avoid, reduce, mitigate or compensate for potential negative impacts through appropriate monitoring and evaluation, timely disclosure of information to affected stakeholders and soliciting their opinions. These ADB policies in combination with relevant Chinese laws and regulations were incorporated into FERP documents such as the Initial Environmental Examination Report, Strategy for Social Development and Poverty Alleviation etc. which were earnestly executed. By strengthening publicity and safeguard policy training to improve the awareness of project managers at all levels,

formulating equality oriented ethnic minority development plan for implementation that is fit for their cultural traditions and religious belief, strict consultation procedures for participation as well as the inspection supervision, the interests and rights of disadvantageous groups were protected and potential adverse impacts on their livelihoods and natural environment were mitigated. Since the launch of FERP, no major safeguard accidents or complaints have occurred in the project area indicating that the safeguard policies have been appropriately rxecuted with high attention from the management.

As a Category B EIA project of ADB, FERP has strictly followed relevant national environmental protection regulations and the environmental operational policies of the ADB. The environmental impact assessments were carried out to the project as required. The design and construction of the project followed closely the Initial Environmental Examination Report striving to reduce or eliminate the negative environmental impact from the project implementation. In terms of such key linkages of afforestation site, tree species selection, land preparation and planting methods, tending management and forest fire prevention, whether or not the environmental protection requirements are followed was taken as an important standard of checking acceptance for expenditure reimbursement. The use of pesticides was in strict accordance with the FERP Pest Management Plan. The ecological forest construction adopted mainly native vegetation species and for mixed planting as much as possible. Economic forest fertilization used generally organic fertilizers which are friendly to product quality and environment. The qualified rate of environmental protection measures for economic forest and ecological forest of FERP reached above 95% respectively. The Xinjiang PPMO commissioned the Xinjiang Academy of Forestry to carry out professional monitoring and evaluation on the possible impacts of water, soil and biodiversity of the project, submitting periodically analytical reports to SFA and ADB.

As a large number of male rural workers go to work in cities, women that have to stay home to take care of the elderly and children become an important labor source for the project. The FERP social survey has showed that during the FERP implementation and for families of all nationalities, the husband and wife shared the production labor of the household and that women with their rising economic condition are having greater say in decisions on important family matters so brining about higher equality between genders. FERP's press of ensuring women equal participation in the project promoted balanced development of rural families (Example 1).

Example 1
Women Participation Helped Raise Their Social Status

An important project management measure of Gansu PPMO is to encourage women to participate in projects. The project policies of "Equal gender for equal pay" and "prioritized skills training to women" highly stimulated women's enthusiasm in participating in FERP. By taking part in the technical training, the majority of the women stayed at home learnt or mastered knowledge and skills of forest production such as seedling raising, grafting, fruits thinning, pruning etc. According to official statistics, women trained reached 12,216 person times accounted for 45% of the total number of participants of the project training program of Gansu. By contributing labor to FERP, each woman increased an average annual income by 560-20,000 yuan. In Qingyang project area, the local project management office put forward the slogan of "promoting women participation for enlivened economy and better-off householders". In Tianshui city, more than 8,000 women person times of women received training during FERP implementation accounting for nearly 50% of the trained personnel of the project. Women participation in FERP demonstrated their outstanding role as "half the sky" in life and in the implementation of FERP. The women that had to choose to stay home completed household chores at home while accepting project training to acquire new skills increased their income. Consequently their family status improved which has played a positive role in family happiness and social harmony.

In combination with the implementation of the project safeguard policy and the consultation and publicity, the three provinces and autonomous region carried out consistent information publicity activities through newspapers, television, internet and other public media to strengthen support from society and participation of vulnerable groups. The official websites of the PPMOs provided accumulatively 821 sets of information on FERP activities, 247 sets of news, 44 articles to the public free of charge. In addition, 380,163 sets of publicity materials are distributed in various ways. Information publicity plays a crucial role in raising public awareness of FERP disseminating the impact of the project and obtaining support from all walks of life (Table 14).

Table 14 Statistics of Project Publicity Information

Provincial	Internet information (sets)	News report	Thematic articles	Publicity materials (sets)	Publicity boards	Publicity Vehicle (times)
Shaanxi	33	22	31	48,500	31	
Gansu	723	209	44	313,463	240	2,020
Xinjiang	65	16	14	18,200	7	507
Total	821	247	59	380,163	278	2,527

3.5 Monitoring and Evaluation System

According to the Loan Agreement and the Project Administration Manual, the instruments inclusive of semi-annual progress report, ADB annual inspection, environmental monitoring, social assessment, supervision guidance and auditing etc. were adopted for FERP monitoring and evaluation (Table 15). In addition, the project performance management system (PPMS) was developed to monitor the project implementation and management progress, phased achievements and for project experience sharing among the project areas. Also, both the CPMO and PPMOs hired third-party experts to monitor and evaluate the social management, environmental condition and forest implementation quality of the project.

Table 15 Monitoring and Evaluation Implementation

Monitoring and evaluation methods		Outputs	Completion time	Executed by
1	Summary and review of semi-annual implementation progress	On the basis of the provincial reports of the project, the progress of the project is summarized every six months for reporting	2012-2019	CPMO, PPMO
2	Implementation impact monitoring and evaluation	Environmental Monitoring Report of FERP, Social Assessment Report of FERP	2011-2019	CPMO, PPMOs of Xinjiang etc.
3	Project Management Information System	Provinces (autonomous region) fill in the project progress information for automatic consolidation and analysis	2014	CPMO

(continued table)

	Monitoring and evaluation methods	Outputs	Completion time	Executed by
4	ADB expert group supervision and inspection	Relevant experts of ADB visit China on annual basis to inspect the progress of the project, with ADB Inspection Memorandum agreed with Chinese counterparts.	2012-2019	ADB
5	Annual audit of projects	Audit offices of the provinces (autonomous region) carry out audits on annual basis on project loan and grant accounts and to issue Project Audit Report.	2012-2019	Audit Offices of Three Project Provinces (autonomous region)
6	Project performance assessment management	Independent third party is recruited to assess the performance of the project at the mid-term and completion of FERP with formed report for public disclosure.	2015,2019	Institute of Resource Information Techniques, Chinese Academy of Forestry

For monitoring and evaluation indicators up to the completion time of FERP, see Annex 1 "Design and Monitoring Framework Table".

4 Project Implementation Achievements

4.1 Economic Benefits

On basis of the 8-year-long construction period and 17-year-long project operational period, the financial and economic benefits of economic forest, fruit storage and forest park recreation facilities in the three provinces (autonomous region) are analyzed (see Annex 5 "Investments and Financial and Economic Analysis Report"). After calculation, the average financial internal rate of return (FIRR) of the whole project is 12.1%, after-tax net present value is 827.7389 million yuan, the national economic internal rate of return (EIRR) of the project is 16%, net present value is 1,637.1905 million yuan. The economic benefits of the project are satisfactory.

(1) Income from planting economic forest products and intercropping. The economic benefits of the project mainly come from farmers' plantation of economic forests. In addition, short-term incomes were generated through planting intercropped crops, vegetables, medicinal herbs, flowers etc. for 1-3 years after the economic forest trees were planted. The financial and economic analysis of the project afforestation shows that the financial benefits of all economic forest species are satisfactory with the lowest FIRR for the duel-purpose forest for 7.4%. The FIRRs of all other economic forest species are over 8% with gingko and persimmon reaching 13%.

Example 2

Walnut Planting Promoted Farmers Income Addition for Better-off

Xiangong Township, Chencang District of Baoji City of Shaanxi Province started planting economic tree crops under FERP in 2012 for which 8863 mu of walnut were planted in 134 subcompartments of 14 villages. Xiejiaya Village of the township has 524 farmer households with a population of 1,500 and 320 households have participated in the FERP to complete walnut planting of 1,076 mu. The afforestation land for the project is generally degraded low-yield arid farmland so that at best harvest year, the wheat yield reached only 400 kg per mu.

FERP afforestation was organized and implemented by villages, with county finances arranged in a unified manner. The planting subsidy per mu is 1,400 yuan of which 700 yuan is the cost of materials and 700 yuan for labor. If the household has no labor force at home, the village committee can help organize professional afforestation team complete the hole digging and planting at density of 33 trees per mu for checking acceptance by both the household and the county project management office. If accepted, the county finance will pay the afforestation team from the subsidized labor cost according to the standard of 5 yuan per plant. Three to four years after this the income per mu is 3,500 yuan and each household generally undertakes construction of 5 mu. The walnut planting annual income of 17500 belongs wholly to the farmers and the ADB loan will be collectively repaid by the county finance. As calculated, the FERP labor and planting income of the project households of Xiangong Township account about 30% of their total household annual income during the FERP implementation period.

(2) Fruit storage promoted income increase of local fruit industry. Storage of fruits by fresh keeping can add the value and profit rate of fruits and vegetables by prolonging the storage period and marketing period (up to 6 months). It can also inhibit the incidence of diseases and pests, minimize weight loss of the stored goods so an important component of economic forest industry chain. The fruit storage depots built under FERP in Gansu has begun to show win-win-win situation for the private enterprises, the farmers as well the local economic forest industry chain. To this end, the Heshui County government has specially issued tax-waiving policy for newly-built fruit storage enterprises to reduce the burden of owners in repaying ADB loans. The operation of the completed fruit storage depots require a large amount of labor for fruit assorting, storage, sales and transportation so to resolve the employment problem of local farmers while increasing their income. In longer term, these enterprises will contribute tax revenues to local public finance.

The four fruit storage depots completed by FERP have entered normal operation. Among them, through the establishment of 3,000-ton fruit refrigerator in Xichuan County, the company's refrigerator storage capacity has expanded to 10,000 tons which promoted the company's operating scale and laid a solid foundation for the company's annual sales to 10,000 tons. In Heshui County, the storage capacity is 5,000 tons and the annual net income is more than 1.4 million yuan.

(3) Increased sales income from the constructed forest parks. The construction of eco-tourism recreation infrastructure in seven state-owned forest farms in Shaanxi included guesthouse rooms, scenic area main road, tourist trails, health keeping facilities

and tourist reception centers which responded to the requirements of the national reform of state-owned forest farms by providing ecological services to the locality. The FERP investment and operations are paying off by providing new sources of income for the forest farms. For example, the Matutan forest farm has developed its tourism business following the FERP projects. With the integral service building built Matoutan forest farm started trial business operation from October 2014. The number of tourists received has been on increase for the past years. The cumulative direct income from accommodation, tickets, catering and shopping has increased by 48% than that before the project. The average wage of forest farm workers has increased from 200 yuan per month before the project to more than 2,300 yuan at present.

4.2 Ecological Benefits

After FERP entered implementation, the environmental protection regulations of the project were amended by referring to the Initial Environmental Report so that the afforestation activities should fully correspond to the requirements of the ecological improvement objective of the project. Therefore, the planted forest vegetation has demonstrated satisfactory ecological benefits.

(1) Vegetation coverage increased and soil erosion and desertification hazards decreased. As shown in Table 16, the vegetation coverage of the FERP counties in Shaanxi, Gansu and Xinjiang increased on average by 0.3%, 0.49% and 0.047% respectively. As the project area is located on degraded infertile arid or semi-arid areas of northwest China with extremely poor natural conditions, improvement of the forestation survival rate and forest vegetation coverage has been difficult and valuable. Both the environmental impact assessment and the completion review of FERP concluded that the increase of vegetation coverage of the project areas played crucial roles in improving the ecological condition of local human settlements for sustainable development.

Table 16 FERP Contribution to Local Vegetation Coverage (Unit: ha,%)

Project Province (autonomous region)	Territorial area of the project counties	Added vegetation under the project	
		Vegetation area	Added vegetation coverage
Shaanxi	4,827,900	14,185.8	0.3%

(continued table)

Project Province (autonomous region)	Territorial area of the project counties	Added vegetation under the project	
		Vegetation area	Added vegetation coverage
Gansu	4,419,000	23,279.84	0.49%
Xinjiang	13,446,900	6,449.3	0.047%

Note: vegetation coverage as the weighted average equals arbor coverage plus shrub coverage.

According to the monitoring results by Gansu PPMO of soil and water conservation benefits at ecological forest construction sites in Qingcheng County, Ningxian County, Xifeng District, Kongtong District, Tongwei County and Lintao County, the soil erosion modulus decreased by 16.7% from 5,762.2 t/km^2/a before ecological forest construction to 4,801.8 t/km^2/a after FERP implementation. In Xinjiang, GEF funds supported 1,450 mu of desertification control in Huanglonggang Village, Daquanwan Township of Hami City. Before the project actions, lasting overgrazing and groundwater exploitation caused mobile sand dunes to pose serious threat to the safety of surrounding human settlements and sandstorms in spring and autumn endanger the safety of Huanglonggang Village of Hami city. In 2013, the local county forestry bureau organized the neighboring villages and towns to plant Haloxylon ammodendron wind-breaking and sand-fixing forest to cover the sand lands and dunes effectively protecting the surrounding farmland of 3215 mu and the village community of 2,000 people. The Hami city arranged 3 forest guards to take good care of the established vegetation by patrolling and tending. The FERP vegetation protected the cotton and corn farmlands with downwind areas no longer affected by heavy duststorm so both the production and living environmental conditions were fundamentally improved.

(2) Biodiversity and wildlife habitat conserved. The afforestation in the provinces and autonomous region are based on 12 native tree species for economic forest and 19 arbor vegetation species for ecological forest thus significantly improving the biodiversity of the locality. The environmental friendly measures adopted such as maintaining permanent land cover, establishing leguminous plants, intercropping crops, retaining natural regeneration, controlling overall ploughing for site preparation, replacing chemical fertilizers with organic fertilizers, applying fertilizer according soil test results,

integrated pest management have helped rehabilitate the productivity of degraded lands while increasing the acreage of wildlife habitats.

(3) Enhanced carbon storage capacity. The addition of vegetation types and coverage of FERP helped add the biomass so to increase the carbon storage of vegetation in project areas. By referring to the carbon accounting standards of the Third National Greenhouse Gas Inventory Program of NFGA the newly added carbon of FERP is modeled and estimated. The calculation results show that the newly added biomass of the project is 1,453,350.1 tons and the newly increased carbon reached 683,074.5 tons indicating the initial role play of FERP in combating the effect from the global climate change (Table 17).

Table 17 Estimated Carbon Storage of Afforestation

Forest type	Area (ha)	Biomass (tons)	Carbon stored (tons)	Calculation description
Economic forest	39,114.84	1,341,610.2	630,556.8	The average biomass of economic forest is 34.303 tons per hectare (above and below the ground). The average carbon content of economic forest is 0.47
Ecological forest	4,981.13	111,739.9	52,517.8	Most of the planted forests do not meet the forest standards so the average carbon rate 0.47 for shrubs in China is adopted for calculation according to shrub above and under the ground biomass for 22.715 t per hectare
Total	44,095.97	1,453,350.1	683,074.5	

4.3 Social benefits

(1) Job opportunities were created for the FERP project areas. According to the data provided by the PPMOs, 112,213 farmers participated in the project (Table 18) with 99,800 job positions created during the project implementation. Afforestation is a labor-intensive industry with plenty of labor force demand for seedling raising, soil preparation, digging planting holes, planting, post-planting tending management, harvesting and forestland patrolling. The infrastructure construction of irrigation, electricity transmission, roads and fences etc. mainly depended on local labor in the project area.

The business operations of the project activity related industry normally adopted the organizational models of "enterprise plus farmer household" and "large-acreage land renting by single householder" which have enabled farmers to obtain relatively stable job positions. Farmers who directly carried out the FERP planting can generally access the local governmental funds or subsidies for seedlings, fertilizers, pesticides etc and after the completion of the project planting they can get considerable income by selling forest fruit products. The project completion performance assessment survey showed that during the project implementation, the labor salary standard for farmers is between 80-220 yuan per day. The labor payment to farmers accounts for over 30% of the total FERP project cost, and the labor income from the project accounts for 5-15% of the average annual total income of typically surveyed households.

Table 18 Participation of Different Groups in Projects

Project province	Total participated households	Poverty-stricken households	Ethnic minority households
Shaanxi	40,529	13,000	0
Gansu	59,665	18,080	3,483
Xinjiang	12,019	2,400	8,000
Total	112,213	33,480	11,483

(2) Population quality was promoted. FERP project area includes a large number of poverty-stricken farmers. Of the 53 project counties, 28 are nationally designated key poverty alleviation development counties, accounting for 52% of the total number of project counties. Due to long-term poverty, poor natural conditions and inconvenient transportation, the population's educational level and actual access to modern concepts and external information are limited. Through FERP publicity, consultation and training activities in the process of project preparation and implementation, local farmers have received education regarding ecological protection, mastered or practiced production skills that meet the requirements of sustainable development. Therefore their traditional concepts and ideologies obviously changed becoming aware of local ecological construction, which promoted the formation of human resources capital. In the minority areas of Gansu and Xinjiang, due to differences in diet and religious traditions and ideological thoughts, there are abundant labor forces at home. The project arranged

the forestation plots, loan amount and labor demand by considering the realities of the minority farmers. Consequently the number of active participants of the minorities was on increase. During the project implementation period in Jishishan County of Gansu Province, the number of participants of Baoan, Dongxiang and Sala ethnic groups accounted for 52% of the total number of project participants. The development opportunities and incentive policies provided by FERP through incubating effect attracted higher-quality laborers to return to their hometowns to start business to boom socioeconomic development of lesser developed areas and regions (Example 3).

Example 3
FERP Supported Young Migrant Workers to Return Home for Businesses

Hanbin District FERP project management office of Shaanxi promulgated incentive policies to develop tea industry attracting many promising young migrant workers to return home to start business. They set up companies or cooperatives by adopting the "company plus production base" "company plus cooperatives and farmers" business model and by building high-standard tea plantation bases in the local industrial parks. The local project office recommended new tea variety "Shaanxi No 1" which is unique to Shaanxi winning SFA new plant variety certificate in 2012 to the young people returning home, and identified tea seedling breeding base for providing high-quality scions and seedlings. In 2011, Wang Wei the 32-year-old returnee set up the first tea seedling breeding company that gradually expanded from the first 2 villages to 4 towns with production capacity to 30 hectares and 40 million seedlings annually. Under his leadership, 9 other young people engaging coal mining or service industries came back to hometowns to start tea industry business. By the completion of the project, Hanbin District has established 386 hectares of Shaanxi No. 1 tea production base and leading to the establishment of 5,000 hectares of standardized tea gardens outside FERP in the district. 80% of the acreage of completed tea gardens have now been put into production operation so that 8 tea processing plants, 10 tea farmer cooperatives are involved in construction of more tea garden base bringing immense economic, social and ecological benefits.

(3) Ecological awareness and ecological protection were promoted. The forest park health facilities, roads, electricity and other infrastructure, ecological education centers, and environmental change monitoring equipment procured under FERP have improved modernization level of the equipment of forest management farms laying a foundation for providing high-quality ecological services to the public. Kuerle City of Xinjiang applied

the FERP water-saving drip irrigation technology to afforestation projects in degraded lands for establishment of a locally popular science base of arid desert vegetation in Xinjiang that integrate field investigation, environmental protection education and youth camping. More than 30,000 students and minors visit the green space every year for which it has been labelled by the city as a demonstrative site of ecological civilization education. The comprehensive sustainable measures adopted by FERP have played demonstrative role to the realization of the local government's ecological construction target of Beautiful Xinjiang (Example 4).

Example 4

Comprehensive Sustainable Measures Helped Build Beautiful Xinjiang

Xinjiang Uygur Autonomous Region has a vast area but generally harsh natural condition. With the forest coverage rate of 4.24%, the task of ecological construction is challenging. Since the kickoff of FERP, the five project counties (cities) have innovatively adopted sustainable development practices by aiming at the project objectives so bringing welcome changes to the local ecological improvement. The measures adopted are as follows. Firstly, the project has built infrastructure of water, electricity, roads and communications through 36 contracts laying a good foundation for afforestation and improvement of ecological programs. Secondly, consultations and training were carried out to improve herders' income and living and production conditions by promoting the transformation of production methods to ecological sustainability. Thirdly, environmental monitoring and evaluation were conducted. According to FERP Initial Environmental Examination Report, the monitoring of atmospheric environment, water quality, acoustic environment, soil and water erosion was carried out with annual monitoring analysis reports covering indicator status, problem analysis and countermeasure recommendations. Finally, scientific measures are taken for management of degraded lands. In Changji City, 139 hectares of degraded Populus euphratica forest in the middle section of the Laolonghe River bed was rehabilitated by saline-alkali soil treatment measures. By returning cultivated land to forests, replanting Populus euphratica, the fragmented Populus euphratica forests got connected to become a popular forest landscape park nearest to Urumqi City.

4.4 Long-term Impact

The implementation of the project has played an active role in preventing land degradation, stabilizing forest ecosystem, protecting urban area from desertification and ornamenting the community environment. At the same time, FERP has provided ideological insights and models for the long-term sustainable development of the project area through demonstration of development mechanism. The modern methodologies of participatory design advocated by FERP has highly coincided with the CPC Party committee and governmental ideologies of "Practice of mass line education", "Three stricts plus three earnests" and "Retain true to original aspiration and keep mission firmly in mind". Such modern concepts and methods of "integrated ecosystem management", "full-cycle project management", "full-cost accounting" and "stakeholder consultation" adopted during FERP implementation, new management modes inclusive of "project procurement system", "acceptance checking reimbursement system", "contract system" and "performance assessment" and new development formats inclusive of "seedling economy", "forest recreation" and "forest carbon economy" have all played an active policy innovation demonstrative role in promoting the transformation of government functions, establishing scientific concept of development, accountable governance and promoting the harmonious sustainable development of regional economy.

5 Cooperation with Asian Development Bank

The benefits from FERP have been the result of the joint efforts of ADB and Chinese government. ADB is more than the provider of international finances. Over the past 13 years for FERP preparation and implementation, ADB has cooperated and coordinated with its Chinese counterparts to solve constraints and problems to promote project progress through inspection and evaluation, reporting communication and technical assistance. ADB's guidance and supervision is an important condition for the success of the project.

5.1 Adaptive Management

FERP as a poverty alleviation oriented ecological development project has been implemented in rural underdeveloped areas involving thousands of individual households. In contrast with the developed coastal or other inland areas, the FERP areas are difficult thereby disadvantageous in terms of human capital, financial resources, working environment and natural conditions. In addition to the differences among the three provinces and autonomous region, it has been challenging to coordinate and promote the implementation of the project. Under such circumstances and by fully considering the national, social and forest conditions, the ADB project team has kept overcoming management obstacles and managed pushing forward the implementation of the established project plans.

5.2 Strict Inspection Guidance

The Asian Development Bank sent 33 person-times for 10 times project managers and experts to China to inspect the project (Table 19). They took hardships to go to the grassroots field sites, communicated with local technicians and farmer participants, exchanged opinions attempting to understand stakeholders' wishes. At the end of each inspection mission to China, a memorandum was drafted and agreed with CPMO of NFGA and letters were sent to the NDRC, MOF and the provinces and autonomous

region to confirm the main progress, problems and next step work plan. Their rigorous style of work and the spirit of standardization left deep impression on Chinese.

Table 19 ADB Missions to China for FERP (2009–2018)

Mission	Date	Persons	Mission members and their roles
Project identification	2009.6.4-16	2	R.Renfro(a), T.lin(a)
Project appraisal	2010.2.5-10	4	R.Renfro(a), R.Osullivan(h) F.Radstake(g), T.lin(a)
Project capability assessment	2010.3.13-14	2	P.Fendon(f), R.Remfro(a)
Project launch	2012.5.7-15	2	F.Radstake(g), J.Doncillo(f)
Project inspection	2013.6.4-11	3	F.Radstake(g), M.Vorphal(e), J. J.Doncillo(f)
Project inspection	2014.8.25-9.2	2	F.Radstake(g), M.Anosan (f)
Project inspection	2015.6.12-19	5	F.Radstake(g), K.Koiso(b), M.Anosan(f), S. Ferguson(e), A.Sebastian(j)
Project inspection	2016.8.29-9.06	5	F.Radstake(g); S.Tirmizi(i) , M. Anosan(f), A.Sebastian(j), S.Tirmizi(k)
Project inspection	2017.8.25-28	4	S.Tirmizi(i), F.Radstake(g), M.Anosan(f), D.Gavina(j)
Project inspection	2018. 8.15-17	4	P.Ramachandran(k), M.Anosan(f), M.R.Bezuijen(g), H.Zhiyang(e)

Note: a = economist, b = procurement consultant or expert, c = investigation and control officer, d = project officer, e = social expert, f = project analyst, g= environmental expert, h= senior consultant, i= water resource expert, j= project assistant, k= project manager.

5.3 Friendly and Practical Cooperation

The ADB project team has provided satisfactory management suggestions to its Chinese counterparts regarding financing and reimbursement, procurement, environment, monitoring and evaluation, safeguards, vulnerable groups etc. in forms of approval review, survey study, discussion exchange, negotiation playing exemplary role in ensuring the project progress. The procurement, finance and social development experts of ADB resident mission in Beijing answered inquiries and tried best to solve practical problems encountered by national and local project staff. The effective cooperation of FERP has confirmed the sound lasting cooperative relationship between the ADB and the Chinese government laying the foundation for the realizing the objectives of the project.

6 Experience and lessons learned

FERP is the first ADB loan financed IFI project led by the forestry and grassland sector of China. With active participation and close coordination of all levels of governmental departments and project management offices, the project staff have managed to transform conventional concepts, adapt to changing situations, create innovative operational methodologies so to accumulate usable experiences and lessons in exploring modern forestry ecological construction models making FERP an important milestone of internationally financed forestry project in China.

6.1 Experience

FERP are located mainly in areas of concentrated degraded lands of Shaanxi, Gansu, and Xinjiang. Most of the project counties and implementation entities had no previous experience in implementing projects financed by international financial organization. The project achievements are due to the guidance and supervision of the central governmental offices, ADB as well as the scientific field work of local governments and forest farmers. In the project preparation and implementation, the following valuable experience has been accumulated.

(1) Compliance with to national strategies and local pragmatic demands is the primary condition for project success.

FERP was conceived and prepared to serve the national socioeconomic development strategies and action plans of the forestry in terms of long-term directions, goals and tasks. On the one hand, by blueprinting FERP from overall future perspects, the overlappings between the project and the national strategies were identified. On the other hand, major actual needs of local development were analyzed to identify the key bottlenecks that had restricted local ecological and socioeconomic sustainable development. It has been these accurate positioning, targeted policy that made FERP achieve more results with less effort. The three northwestern provinces are both important areas of the National Western Development Program established by the central government in 2000 and the subsequent Belt and Road Initiative. Due to historical, natural and artificial reasons, the locality had relatively fragile ecological foundation with vegetation degradation and land desertification. Therefore, forestry and grassland must be given the priority for ecological protection and restoration to consolidate ecological foundation for sustainable development. FERP from its beginning has followed the principle of "restructuring pathways, expanding resources, cultivating industry and strengthening foundation" to change land use for economic forest, forest tourism industries etc. By shifting the livelihood and production orientations, the ecological condition was improved. It has been proved that the project design principle was in full line with the objectives of National Western Development Program etc and with the actual needs of local social development. The win-win situation for all parties was heartily welcome by the local government and people in project area.

(2) Adherence to people-orientation to benefit local livelihood is the guarantee of project success.

Firstly, FERP has adhered to the integration of government role and market economy role. To guarantee the dominant position of the forest farmers, farmers are encouraged to independently determine the project activities according to their wishes and the market prospects so to protect their immediate economic interests while taking into account the long-term development needs of the country and society. In terms of forest selection, the economic forests and ecological forests are combined; In terms of tree species selection, both short-term and medium and long rotation species are combined; In operation management, both decentralized management and unified management are adopted. In addition to direct participation in the project through loans, the forest farmers can also choose to participate indirectly with production inputs of forest land, labor, technology to share the benefits brought by the project. Secondly, by following the principle of "openness, equality, and wishes reflection", FERP adopted the internationally accepted participatory consultation methodology. With "satisfaction or dissatisfaction of the key stakeholders" as the criteria, the successfulness of the project is measured. The local people are invited to plan, design and implement the project and local opinions are solicited to ensure the interests of forest farmers. The enthusiasm of the local people to participate in the project got stimulated to promote the realization of the vision of "ecological condition restored, production condition promoted and livelihood condition improved". Different from the traditional "closed-door" expert-official project preparation

decision-making mode, FERP adopted the "open-door" stakeholder participation mode for collective consultation, joint decision on major events such as project activities so that each potential beneficiary had a fair opportunity to participate in the project with their wills and appeals reflected in project design. By these means, FERP protected the rights to information, participation, suggestion and supervision of each project stakeholder. By enhancing the project beneficiary's sense of recognition and acquisition, the interests of the project entities and beneficiaries are realized in harmony.

(3) The integration among ecological construction, production and livelihood for the coordination of forestry prosperity, people better-off and territorial boundary stabilization is a must of project success.

FERP area has been the superposition of ecologically fragile area, poverty-concentrated area and ethnic minority border areas. The ecological degradation, backward infrastructure and land production have inhibited the project area from building up well-off society and long-term stability of the boundary areas. The project should not only address the fragile ecological condition that restricts local socioeconomic development but also change the current situation of extensive land use with low output efficiency with demonstration of new production and lifestyle through low interference, high efficiency and environmental friendliness for reduced pressure on forest vegetation ecosystem. On the one hand, the project has focused on the construction of ecological forests in important ecological areas to improve local production and living conditions. On the other hand, high-standard economic forests, fruit storage depots and forest tourism infrastructure are constructed to accelerate the transformation of local land production and industrial economy. By transforming land use methods, adhering to both the treatment of degraded land and the transformation of production methods, and the synchronization of ecological restoration and industrial development, the forestry ecological construction and targeted industrial poverty alleviation have been integrated into the project construction process. After years of afforestation and restoration of vegetation, nearly 43,900 hectares of degraded land have been effectively improved. Through the development of economic forests and the cultivation of the industrial chain of production, processing, transportation, warehousing and marketing, the local people have gradually shaken off their dependence on grain crop economy to embarked on a fast pathway to prosperity and better-off. "Ecological condition be improved, production be developed, livelihood be bettered" has been genuine comment of the FERP local people.

(4) Stable efficient organizational management system is an important guarantee for the success of the project.

FERP spans 53 counties (cities, districts) of 3 provinces and autonomous region involving forestry and grassland, finance, development and reform, ecological environment and other departments. The project has diverse entities of state-owned forest farms, enterprises, specialized cooperatives, and forest farmer households. The project activities are different with project areas widely distributed so the organization and coordination are difficult requiring high competence of the project implementation management personnel. To ensure the smooth implementation of the project, a complete organizational management system must be established from top to bottom. NFGA as project implementation unit has established permanent project management organization with specialized personnel. The three project provinces established project offices accordingly. It has been proved that "packaged project" is a relatively efficient way to organize foreign investment projects. Ecological restoration requires planning and actions across boundaries of administrative divisions for centralized coordinative large-scale actions according to such natural factors of regions, watersheds and mountain ranges. “Packaged project” that are organized in consolidated manner but implemented by separate provinces allows play of the role of both the national and local authorities in strengthening coordinative management inside and outside the project and coordination between different parties for concerted participation. With project organizational management that is departmentally led, locally executed with hierarchical division, the management costs are reduced and the dissemination and experience sharing functions are intensified so it is an effective project organization option.

6.2 Lessons Learned

Firstly, the project preparation time is too long. The FERP had started project preparation from 2006 and came into effect in 2011. After five years it turned out that the prepared project had to be quickly adjusted due to changes occurred. Among these, the international technical consultancy company identified through international bidding had provided technical consultancy for the project for two years, but the project consultancy report provided is low guiding value leading to waste of time and loss of the best opportunity for some proposed project activities.

Secondly, the management efficiency of financing and reimbursement needs to be improved. This is especially necessary for resolving the problems of low availability rate of domestic counterpart fund in some provinces and counties, and the fact that the project reimbursement progress kept falling behind the project physical progress.

Thirdly, the management adaptability of the project can be further strengthened. In the domestic aspect, the capacity building and the technical qualification did not fully match the requirements of sustainable development designs of the project. In the international aspect, ADB changed the project manager four times during the implementation of the project bringing certain inconsistence and delay of work agenda affecting the implementation efficiency of the project.

6.3 Suggestions for Future Projects

(1) Shorten the project preparation period. In view of the fact that forestland owners would not keep their land idle for long time, it is suggested that future ADB projects should streamline project preparation procedures, shorten project review and approval time for improved project preparation efficiency. For example, by referring to the practical condition of the project participants, the project identification and project appraisal can be conducted simultaneously so to accomplish the project preparation period to 2 years.

(2) Rely more on national counterparts to prepare and implement the project. It is suggested that technical assistance for ADB projects in the future be carried out with more national participation. For example, the opinions of the project implementation roles are taken as an important reference for the selection of consulting firms.

(3) Improve the efficiency of project management. It is suggested that the account review and reimbursement be completed in ADB Beijing Office and for improved the efficiency of communication and problem solution of such problems of delayed project progress, complexity of reimbursement etc. At the same time, the established unified responsive monitoring system as part of the project preparation, should clarify the operational plan, responsibilities and funding sources at the national and provincial levels.

For the experience, problems and lessons learned in the preparation and implementation of the project, see Annex 6 "Project Completion Performance Assessment Report".

7 Replicable Good Practices from the Project

During the 13-year-long project preparation and implementation of FERP, through introduction and adaptation, exchange for guidance, technological development, test and pilot demonstration, many managerial and technological good practices came into being that have reflected regional features and coincide with meeting the requirements of sustainable development. Six typical good practices were extracted as the follows, for reference of future foreign funded projects.

7.1 Integrated Ecosystem Management

Integrated Ecosystem Management (IEM) as the guiding theoretical concept of FERP was firstly adopted in 1995 by United Nations Environment Program for global natural resource management. Basically it means that social, economic and ecological needs and values should be considered and administrative, market and social restructuring mechanisms should be adopted to solve resource utilization and ecological protection problems to realize economic, social and environmental benefits for human harmony with the nature. The Gansu provincial and county project management offices put IEM into the whole FERP process so that their project implementation met not only the requirements of the project objectives but also the local reality. The main practices are as follows.

Firstly, make project decisions with participatory approach. Before the FERP, the township government with experts used "top-down" administrative means to determine project activities and measures ignoring the grassroots people's feelings so the farmers had little ownership to project activities. In FERP implementation, Qinzhou District of Gansu combined the "top-down" and "bottom-up" approaches by actively soliciting opinions from local key farmers and joint entities and allowed them to participate in the project decision-making process, leading to a large number of successful land transfers and improvement of farmers' enthusiasm in participating in the project.

Secondly, conduct stakeholder analysis. The ecological construction led by the forestry sector involves multiple stakeholders and interest groups that include related

government departments, project entities of farmers and enterprises as well as other direct and indirect beneficiaries. By survey and analysis to all stakeholders relevant in each project activity, the project resources were fully utilized to realize expected targets.

Thirdly, take institutional capacity building as fundamental task. Provincial and county project management offices carried out various forms technical training at different levels regarding project management, pest management, economic forest cultivation, and ecological forest protection so that the land owners can learn new technologies. The scientific forest management and the demonstration sites promoted quality management, intensive management and technical services in line with international standards.

Fourthly, give play to the critical role of the leading group. The established project coordination leading groups at provincial, prefectural and county levels of Gansu were equipped with full-time staff for project routine management who organized periodical meetings for the leading groups to have successfully solved the project difficulties regarding loan on-lending and counterpart fund raising.

In short, IEM as an ideal model for sustainable use of land resources has emphasized departmental coordination, stakeholder participation and scientific sustainable development so an effective guiding instrument for ecological governance and restoration. Under the guidance of IEM, the Gansu provincial project leading group contributed to FERP by establishing specialized management office, coordinating to provide sufficient counterpart fund, improving the implementation design through participation and consultations to provide plenty of opportunities and benefits for stakeholders. The project achievements of Gansu are affirmed by both ADB and project localities.

7.2 State-owned Forest Farm Transformation to Modern Management

Matoutan Forestry Bureau as a state-owned forest farm enterprise under the Baoji Forestry Bureau has an operational area of 34,668 hectares of which ecological public welfare forests accounts for 99% and the forest coverage rate is 76.9%. After founding in 1958, the Bureau has long adopted single logging operation to lead to resource shrinkage and the forest volume has fallen to about 50 cubic meters per hectare. In 1999 the central government's natural forest logging ban policy deprived the timber income so Bureau management operation fell into complete plight. After joining FERP, the Bureau started exploring the operational transformation from the timber logging to providing ecological services achieving obvious results:

Ideological transfer for operational design. After participating in the FERP training, the leadership of the Bureau realizes that forests are natural resources with multiple functions in environment, economy, society, culture, science and education and the state-owned forest farm should take as fundamental task the cultivation and maintenance of stable, versatile forest ecosystem for multi-functional sustainable use with governmental support and social participation. With the guidance of the project experts and by utilizing the advantages of the tourism resources the Bureau development goal was positioned as forest park health-keeping and scientific education. The following actions were taken.

Increased investment for improvement of facilities and infrastructure. The Bureau's forest park construction and development plan received strong support from the ADB financed FERP in 2006. After three years of project implementation, the ADB loan of 12.3 million yuan and Global Environment Facility grant of 2.2 million yuan plus government finances were used totaling 21 million yuan which is about the accumulative amount of the investments of the Bureau for the past 8 years. In this process, the Jialing Guesthouse and the Tourist Service Center completed in 2014 used ADB finance of 12.3 million yuan for construction of 150 standard rooms with area 6,726.61 square meters which effectively improved the tourist reception capacity.

Development of the forest management plan. The forest management plan is the fundamental basis for modern management of the forest management unit. Before joining FERP, the Bureau's forest management plan was formulated in the 1980s that did not reflect the new situation of the forest farm. With experience of FERP, the Bureau invited experts of Northwest A & F University to complete new forest management plan in 2018 with the guideline of modern forest multifunctional management theory. The management types and measures for the future 5 years were finalized to subcompartment plots so laying a foundation for the sustainable management and utilization of forest resources.

Exploration of new business forms of ecological service. According to the design of FERP, experts from the Green Carbon Foundation were recruited to guide the business trials of ecological service of forest experience and forest science education. The Forest Experience and Carbon Education Base built has included the recreational experience facilities of trails, galleries, yoga, forest oxygen bars attracting a large number of sub-healthy people from surrounding cities. The Jialing Headwater Science Museum built offers explanation and physical displays of biological geology, forest against climate change, biodiversity conservation attracting thousands of young students to visit and

study every year. From 2014 to 2018, the park ticket and guest room income increased annually by 15% or more than 3 million yuan. The public welfare role of the park has been affirmed by the local government. The numerous employment opportunities provided to locality stimulated the development of the local tourism service industry.

The successful operational transformation of Matoutan Forestry Bureau has been a magnificent evolution for state-owned forest farm new mechanism for vitality from independent development by following the central government's State-owned Forest Farm Reform Plan to promote the transformation from using forests with sole economic benefit to protecting forests by providing ecological services conducive to the forest resources sustainable development. It is also a vivid case of the well-known saying "Lucid waters and lush mountains are invaluable assets".

7.3 Dwarfed Dense-planting Apple Cultivation

Pingliang City of Qingzhou District of Gansu located in the hill gully areas of Qinglin Mountain has mainly loess soil and a semi-arid monsoon climate of the warm temperate zone with distinct four seasons and sufficient sunshine. During the FERP fruit industrial development, technological innovation and extension was highly emphasized. One outstanding example is the "dwarfed dense-planting apple cultivation" technology developed through FERP cooperation with Chinese Academy of Agricultural Sciences and Northwest A & F University. The demonstration orchards were built to successfully upgrade traditional cultivation models thus highly welcome by the apple planting farmers. Four key techniques are applied for the new technology.

The first is to build the orchard with large seedlings. Large planting stock can promote earlier fruiting and fertility. For example, to expect the dwarf dense orchard bear fruit within 2-3 years and for high yields in 3-4 years, the 3-year-old self-rooted rootstock large seedlings should be adopted. The FERP experimental demonstration and typical survey show that the 3-year-old rootstock seedlings and the 4-year-old dwarfed rootstock grafted seedlings can yield as early as in the second year following the planting.

The second is to adopt facilities assisted cultivation. The high spindle-shaped tree form is preferred with the plants dwarfed and densely established. Do not remove the tip or do it conservatively when pruning is practiced. It is recommended that upright frames are built to avoid trunk bending or uneven growth. The pine wood that is easier to obtain and convenient to install with low cost can be used. When installed, the base of the pine frame should be coated with asphalt or waste engine oil to prevent decay that shortens the service life.

The third is to conduct full-light forming and pruning. The "high spindle" or "free spindle" tree forms have the advantages of early fruiting, early harvest, high quality and high yield. Qingcheng County has promoted the application of high spindle tree forms in low-rootstock dense planting orchards with pruning requirements of light pruning, keeping longer and more fruiting branches and frequent drawing laying a good foundation for early fruiting and early harvest.

The fourth is to integrally use fertilizers and water. The establishment of drip irrigation facilities with formula fertilization is recommended. Alternatively, the drought-resistant mulching, ridge covering and fertilizer-water integrated technology can be adopted to ensure growth, flower formation and satisfactory fruiting.

Compared with the tall-arbor cultivation technology and for the same apple variety, the dwarfed dense-planting apples starts fruiting in the third or fourth year after planting and enters the fruiting period in the fifth or sixth year so 2-3 years earlier. Also the yield can increase by 20% after 13 years so that the investment can be recovered three to five years after planting. According to the above technical model and in Jingchuan county, the yield of demonstrative orchards with the above technology all reached 4,000 kg per mu with superb fruit rate about 85%, and the average income per mu was more than 17,500 yuan.

7.4 Integral Project Management Mechanism

Since the implementation of FERP, the county leaders of Tongwei County of Gansu Province have attached high priority to management mechanism innovation. The county project management office has creatively integrated multiple measures to propose "integral project management mechanism" project standard to achieve satisfactory results so that FERP was honored by the county government as Project of Excellency. The main practices adopted have included the following.

Firstly, finalize the departmental work responsibilities. The FERP leading group was established in the county with the head of the county governor as the group leader, the deputy county governor as the deputy head of the group with the group members comprising the directors of the county development and reform, forestry, finance, land resources, agriculture, water conservancy, environmental protection, auditing and supervision etc. At the same time, a technical panel headed by the forestry bureau deputy director was set up to finalize field work responsibilities of the technical staff to all afforestation subcompartments and watersheds for tracking and monitoring the afforestation quality and progress.

Secondly, give up conventional practices to adopt the contracted afforestation mechanism with legal person responsibility. The FERPcontract system, the supervision system and the bidding system were proved effective. In March 2012, with the consent of the county government, the FERP project office used the bidding procurement method for the first time in the county to conduct packaged procurement for FERP afforestation. Eventually three bid winners were announced providing a good example of large-acreage afforestation by specialized company in the county.

Thirdly, take checking and acceptance as a stringent requirement. The county project management office formulated the Management Measures for the Construction of Key Forestry Projects which clarified the requirements for forestation operation design, land preparation quality, inspection and acceptance, payment and tending management. By concept of "reimbursement system", the labor and seedling expenditure should be prepaid by construction unit firstly. When the afforestation is completed, the construction unit shall apply for acceptance checking that depends on the quality of site preparation, seedling survival rate and preservation etc. 40% of the total expenditure will be paid if passing county-level acceptance, 60% be paid if passing city-level acceptance, and 80% if passing provincial-level acceptance. In the second year after planting, if the quality indicators are met such as seedlings preservation rate above 80%, the remaining 20% of the afforestation expenditure will be paid.

7.5 Farmer Based Silkworm Co-breeding Technology

Shiquan County of Ankang City, Shaanxi Province is a low-mountain hilly county located on the southern slope of Qinling Mountains. The FERP started in 2011 is the first international forestry projects in the history of the county. The project made efforts to extend the model of "silkworm co-breeding technology" by which the young silkworm is reared by certain competent farmers equipped with silkworm rooms and with adequate acreage of mulberry plantation for relay rearing by other silkworm farmers when the silkwork reaches the third or fourth hibernation age. The technology integrated planting and animal keeping activities, and the separate rearing of youth and adult siloworms facilitated standardized specialized rearing operations for lower labor and technical investment therefore with satisfactory socioeconomic and ecological benefits.

The co-breeding small silkworms in Shiquan County has emphasized firstly the appropriate establishment of the youth silkworm rearing room with supporting facilities. The room should be located free of industrial and pesticide pollution, facing the south with walls and ground hardened, good light, airing, temperature and humidity. The facilities include mulberry storage space, small silkworm distribution space, drying space, disinfection ponds, silkworm plaques, plastic films, thermometers, and heating and humidifying equipment. Secondly, to build a mulberry plantation. It is recommended to breed 100 silkworm seeds per year with mulberry area of 0.13 hm^2. Thirdly, to do a good job of breeding management in accordance with the technical standard Technical Regulations on Silkworm Silkworm Co-breeding. Fourthly, to strengthen the management of disinfection and disease prevention including cleaning, disinfection of main supporting facilities and equipment and the surrounding environment.

Silkworm co-breeding has good economic benefits. Compared with the dual-season planting of corn and rape in a year, the income from silkworm co-breeding by planting mulberry, keeping and mulberry interplanting can be 10.3 times higher. At the same time, the pruned mulberry branches are used to make selenium-enriched mulberry edible fungi, chickens can be kept in mulberry plantation can be other incomes. In Shiquan and for FERP, the silkworm co-breeding room of 1,415 square meters and silkworm platform of 889 square meters were constructed with 566 hectares of high-standard mulberry garden which increased the income of silkworm cocoons by 3.4704 million yuan while saving 14.53712 million yuan for silkworm farmers.

Mulberry garden has good ecological benefits too. Mulberry tree intercepts precipitation to protect the soil from rain splash and ground runoff. It is estimated that 1 hectare of mulberry can increase water storage by 375 m^3 while absorbing 900 tons of dust per year so the newly built FERP mulberry garden can increase water storage by 212,250 m^3 per year.

7.6 E-commerce Makes Famer Better off in Cyber Connections

To resolve economic forest farmers' problems of fruit selling for income addition for promoted advancement of forest fruit industrialization and bettering off from poverty, the Gansu PPMO used e-commerce as an instrument to integrate the physical stores and cyber stores for fruit marketing. With the superimposed effect of real economy and internet economy, both farmer income and their capability to use modern information

technology are improved.

Firstly, carry out training according to the needs of farmers. The provincial and county project management offices recruited agricultural product e-commerce experts to conduct typical surveys in 6 FERP cities (counties) analyzing the development status and demands of agricultural and forest product e-commerce by ranking relevant groups involved in e-commerce poverty alleviation and categorizing participation and beneficiary groups to propose the e-commerce training plan for execution to agricultural technology extension personnel, fruit farmers, and fruit bank operators.

Secondly, set up service platform for releasing and exchanging information. The provincial ADB project e-commerce service platform was established with special considerations given to the education level of farmers and the simplicity of use. In December 2017, the Wechat platform Longyuan Cyber Farmer (later renamed to "ADB Gansu") was officially launched. In addition to product supply and marketing information services, the platform releases the latest scientific and technological achievements for use, answer inquires and provided online technical training.

Thirdly, establish expert group to provide dynamic services. To ensure that e-commerce plays its intended roles, the PPMO established the e-commerce working group and expert panel responsible for e-commerce survey and daily operation of the platform. According to the requirements of FERP, the expert panel has edited four issues of technological briefings. The provided functional information services, publicity consultancy and training materials improved farmers' capability to use internet for expanding sales.

Last but not least, establish demonstrations. 11 counties of FERP were taken as provincial comprehensive demonstration counties for e-commerce of Gansu province. Jingning County even set up its own demonstration township where the broadband installation rate at village level reached 80% with online payment usable for all villages. With the established Farmer Infor Home e-commerce platform of the county, more than 160 marketing websites such as Apple Network and 10 fruit e-commerce markets such as Longyuan Red are connected.

The survey has showed that the e-commerce training of the Gansu PMO covered more than 90,000 audiences of the province and about 20,000 people has directly benefited from the marketing or technical service information providing additional income about 500 yuan. According to the statistics by Jingning County Commerce Bureau, since e-commerce was launched in 2015, the apple sales of the county have been increasing by 30%.

8 Post-completion Operational Plan

The maturity period of the ADB loan is 20 years so the achieved environmental, social and economic outputs of FERP are only preliminary. Following the FERP completion, the project is faced with tasks of protection and tending of the planted young forests, the operation of facilities and infrastructure as well as related technical, financial and organizational management. Therefore, appropriate planning for the operation and management of the completed project is of vital importance for sustaining the formed achievements and realization of designated development objectives.

8.1 Stands Management

The project provinces and autonomous region should follow the "classified categories for target management measures" principle specified in the Afforestation Quality Survey Assessment Report developed in the first half of 2019 by managing to maintain the Category I forest, upgrade Category II forest while salvaging and transforming Category III forests to improve the overall quality of FERP forest vegetation.

8.1.1 Economic forest

(1) Regular tending management. Ensured work shall be conducted in orchard tree crops regarding forming, pruning, basal fertilization at autumn and top dressing in spring. For fruited orchards, flowering and fruiting management should be integrated by in promoting fruiting branch assemblages. Enrichment planting shall be carried out on timely basis for proper survival rate and uniformity of the whole orchard forest stand. Pest and disease monitoring should be conducted to periodically for prevention and control measures. The pesticides should be used by following the principle of "high efficiency, low toxicity and low residue" as well as the policy of "priority on prevention, integrity on control".

(2) Harvest and products marketing. This should be conducted by making full use of the local advantages on natural resources and conditions, taking the market demand dynamics as the orientation, relying on science and technology, and by building up high-

quality forest fruit production bases and electronic marketing platforms.

(3) Value-added processing of fruits. The FERP performance assessment team estimates that the FERP processing rate of economic forest fruits products has been less than 5% lower than the national average of 11% and much lower than the average of 50% of developed countries. In combination with the restructuring of national agricultural industry, the processing of walnut, wine grape, tea etc. should be carried out through introduction of lead enterprises to upgrade the local industrial structure, to extend the industrial chain and enhance market competitive strength of products to promote the local fruit industry for high profitability of large-scale industrialization.

8.1.2 Ecological Forest

(1) Stand and vegetation tending. For shrub plantation such as Haloxylon ammodendron and tree plantation that have been planted, tending shall be carried out 1-2 times each year to promote vegetation coverage and canopy closure. For wind-breaking and sand-fixing forest vegetation, scarification or weeding is generally not practiced except for weeds near tree collars. After the canopy closure of the Populus euphratica, trunk stem identification and pruning shall be carried out with the standard stem height more than 2 meters.

(2) Forest protection. This should be achieved by strengthening forest fire prevention education. In addition, personnel entries into project forested area should be managed with proper education by patrolling guards. Fire control facilities should be equipped with brigades properly staffed to reduce fire hazards or man-induced damages to the established forest stands.

8.2 Assets Management

(1) All equipment purchased under FERP shall be managed for use by related project entities with assets management ledger established and responsible management personnel appointed.

(2) For the project infrastructure assets, daily maintenance and repair, renovation and renewal work shall be conducted to maintain the value of fixed assets.

(3) For the irrigation facilities, forest park and educational facilities that have been completed, on the basis of project completion checking acceptance and clarification of ownership responsibilities, appropriate operational management shall be deployed to ensure the expected benefits.

8.3 Financing and Repayment of Loans

(1) FERP afforestation acreage is large and geographically fragmented with high demands of finances for post-completion tending, harvesting, marketing and processing. The operation of the completed infrastructure also requires certain further investment. Therefore with the support of governments at all levels, fund raising should be conducted through self-financing, public financial subsidies, operating income, subsequent public or commercial loan etc. for the maintenance of the project achievements to realize the FERP goal of "adding green to land, adding benefit to ecological condition and adding income to farmers".

(2) Ensure loan repayment with full amount and on schedule. In accordance with the provisions of the Loan Agreement, the financial department and forestry and grassland department of the Shaanxi, Gansu and Xinjiang should make coordinative efforts to accumulate loan repayment fund reserves through fruit industry, forest park tourism, specialized governmental subsidy. By following the general principle of "those that uses the loan and benefit shall repay", the ABD loan should be repaid in line with the statements of the contract. In the case of consolidated borrowing and repayment by local government, the repayment plan should be prepared and executed by the county finance authority.

8.4 Project management responsibilities

Following the completion of FERP, the project management offices and personnel shall be maintained at all administrative levels to ensure consistent managerial operations of the project. By options of giving full plays to the sectoral role of the forestry and grassland department, external employment, selected personnel transfer, identification of agency etc., the technical, information, capital, industry, policy project services and supervision should sustain to all afforestation entities and construction entities to support the field production activities.